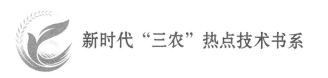

新时代"三农"热点技术书系　　动物福利养殖技术丛书

肉羊高质量福利养殖技术

◎ 王梦芝　周　平　邓卫东　等　编著

中国农业科学技术出版社

图书在版编目（CIP）数据

肉羊高质量福利养殖技术 / 王梦芝等编著 . -- 北京：
中国农业科学技术出版社，2023.11
（动物福利养殖技术丛书 / 王梦芝主编）
ISBN 978-7-5116-6389-4

Ⅰ . ①肉…　Ⅱ . ①王…　Ⅲ . ①肉用羊－饲养管理
Ⅳ . ① S826.9

中国国家版本馆 CIP 数据核字（2023）第 149623 号

责任编辑　金迪
责任校对　贾若妍　李向荣
责任印制　姜义伟　王思文

出 版 者　中国农业科学技术出版社
　　　　　北京市中关村南大街 12 号　　邮编：100081
电　　话　（010）82106625（编辑室）　（010）82109702（发行部）
　　　　　（010）82109709（读者服务部）
网　　址　https://castp.caas.cn
经 销 者　各地新华书店
印 刷 者　北京建宏印刷有限公司
开　　本　170 mm×240 mm　1/16
印　　张　10.5
字　　数　177 千字
版　　次　2023 年 11 月第 1 版　2023 年 11 月第 1 次印刷
定　　价　68.00 元

《肉羊高质量福利养殖技术》
编著委员会

主　编　著　王梦芝　扬州大学

周　平　新疆农垦科学院

邓卫东　云南农业大学

副主编著　张谨莹　扬州大学

陈　宁　新疆农垦科学院

王大祥　江苏乾宝牧业有限公司

编著人员　丁洛阳　扬州大学

李　闯　新疆农业大学

张振斌　扬州大学

王嘉盛　扬州大学

于　翔　扬州大学

吴非凡　扬州大学

金衡宇　浙江大学

陈巧庆　扬州大学

陈培根　扬州大学

谢海滨　扬州大学

前　言

　　随着我国城乡居民生活水平的提高，人们对肉类的消费不断增加，而散养放牧生产的肉类总量不能满足人们所需。因此，在动物养殖历史进程中，原始散养放牧逐渐转变为集约化养殖。集约化养殖可以提高畜禽的饲养规模及存栏量，提高肉产量，在一定程度上满足人们对肉类的需求。但集约化养殖方式饲养密度高、高度机械化和环境污染等问题逐渐凸显，动物的福利得不到保证，导致动物健康状况和产品品质等下降，影响肉品价格和养殖收益。这些问题是规模化养殖模式无法避免的，且在现有生产工艺基础上无法得到根本解决，只能在某种程度上得到控制。集约化养殖模式优化升级成为发展趋势，亟待耦合福利养殖技术，进行集约化福利养殖，兼顾规模与动物福利的高品质养殖。

　　本书共分为6章，包括绪论、肉羊优良品种、福利养殖对肉品质的影响、肉羊高质量养殖福利调控技术、福利养殖饲养管理要点、肉羊福利养殖场舍建设。全面系统地介绍了高质福利养殖的现状与模式，保证动物养殖福利，给予动物平等的生命权是人类社会发展进步的表现。集约化的生产方式关注高效生产，但可能造成动物福利差，机体免疫力降低，养殖者继而通过滥用药物、疫苗来控制疾病，导致动物产品中药物残留、产品品质低下等问题；另外，动物也经常处于痛苦和恐惧的应激中，产生大量自由基等应激代谢物，进而导致肌肉的氧化或炎症损伤，直接影响肉的品质和口感。而福利养殖则可更呵护动物，在自由愉快环境中饲养长大的动物会比在空间狭小行动受限的环境中饲养长大的动物，肉品质更好、风味更佳、也更健康。总之，福利养殖可以最大限度地解决养殖动物作为食品的安全问题。为改善集约化福利养殖状况，推动畜牧养殖产业的高质量发展，编者通过查阅国内外相关文献资料，系统地阐述了肉羊高质福利养殖技术。同时，本书采取图文并茂的形式、通俗易懂的表述，兼具专业性、实用性与新颖性，可作为肉羊养殖工作者的得力工具书。本书的出版由新疆生产建设兵团农业科技创新工程专项（NCG202232）和扬州大学出版基金资助。

由于作者水平有限，书中疏漏之处在所难免，恳请同行和读者批评指正。

编著者

2023 年 1 月

目　录

第一章

绪　论

第一节　福利化养殖国内外研究进展

一、国外研究进展

自 19 世纪以来，特别是在进入 20 世纪后，欧洲出现了大量动物保护组织和倡导动物福利的运动（彼得辛格，1999），各个国家和地区纷纷立法加以规范，强制人们遵守。动物福利理念思潮的发起可溯源至 1822 年，英国议会议员 Richard Martin 在议会倡议设立防止虐待牛、马及绵羊的草案。1824 年，在以 Richard Martin 为首的几位关爱和保护动物倡导者的积极筹措下，英国防止虐待动物协会成立，维多利亚女王于 1840 年赐予该协会"皇家"称号。1967 年英国又率先成立了农场动物福利咨询委员会（1979 年改组为农场动物福利委员会），该委员会提出了动物福利的"五大自由"，即免受饥渴与营养不良的自由、免于因环境而承受痛苦的自由、免受痛苦及伤病的自由、表达天性的自由、免受恐惧和压力的自由（曲如晓，2010）。生理福利主要是从动物的生理需求、身体状况等方面进行分析，所谓不受饥渴就是要使动物随时可以获得清洁的饮用水和食物，保持充分的健康和活力，保障提供维持动物生命和生长所需最基本的物质。生理福利是实现动物福利最首要的要求，如果动物的生存都受到了威胁，其他福利也就无从谈起。卫生福利主要从保障动物良好的身体状况方面进行分析，要求人类按照良好的兽医医学实践做好动物疾病的预防、进行专业的照料、提供适当的居所和管理、实施人道的操作，以避免或最大化降低动物染病的风险，减少不必要的紧张、不安、不适以及痛苦。动物的环境福利主要是指要保障动物日常进食、休息、运动、繁殖等场所的舒适度，动物的生存环境是动物赖以生存的基本条件，与动物的

1

健康、生长、繁殖、精神状态等有着重要的关联。动物的日常行为主要包括自卫、反应、采食、适应、探求、领地、协调和休息 8 种。行为福利要求人类应给动物提供足够的空间和适当的设施，避免引起动物精神上的痛苦，尽量使其与同类动物伙伴在一起，具有能够正常表达天性的自由，使其免于焦虑及挫折。动物的心理福利主要是从保证动物拥有良好的精神状态、享有生活无恐惧和无悲伤感的自由方面进行分析。人道主义者经过多年的研究发现，动物作为一种生命形式具有和人类一样的感知能力，除了有基本的生存需要，也有更高层次的心理需要（杨燕燕，2020）。

自 1822 年英国议会通过马丁提出的《禁止虐待家畜法案》以来，保护动物理念在西欧各国的提出已有近 200 年的历史。到了 20 世纪 80 年代，欧盟、美国、加拿大、澳大利亚等发达国家和地区以及亚洲的一些国家和地区先后进行了动物福利方面的立法，各种动物保护协会也纷纷建立起来。目前，世界上已有 100 多个国家建立了完善的动物福利法规，世界贸易组织（WTO）中的规则也写入了动物福利的条款。欧盟是动物福利的积极倡导者，制定了保护动物福利的相对完善的法律法规，并有专门的机构负责监督及执行。英国是最早制定《动物福利法》的国家，欧盟的其他成员国大都是以该法为基础，结合本国的实际情况制定符合自身的《动物福利法》。此后，欧盟各国还制定了许多专门的法律，对保护动物福利的各个方面进行了详细、明确的规定。迄今为止，欧盟关于动物福利的具体法规和标准已有几十项，涉及动物的饲养、运输、屠宰、实验等多个方面。德国还将保障动物作为生命存在的权利写入宪法，这是世界上第一个将动物权利写入宪法的国家。在各国政府加强立法的同时，一些民间动物保护组织，也在为保护动物发挥着重要的作用。国际爱护动物基金会（IFAW）、英国防止虐待动物协会（RSPCA）、世界动物保护协会（WSPA）、美国防止虐待动物协会（ASPCA）等众多的民间组织都在为提高动物福利进行着不懈的努力（李柱，2012）。

二、国内研究进展

中国动物福利的思想启蒙阶段源于商周时期的西周时代（公元前 1046 年），在这一时期就有根据动物习性和时节特性饲养动物，以及动物伤病要进行医治的意识，如诗经《国风·王风君子于役》中有"日之夕矣，羊牛下来"，《周礼·夏官·巫马》中有"掌养疾马而乘治之，相医而药攻马疾"等记载。春秋时期后，对中国社会产生重要影响的大家学派相继创立，倡导仁爱对待动物、尊重动物生命、人与动物和谐共生的动物观。儒学思想主张

"仁爱"，有节制地从动物身上获取资源，让动物能够得到有效的休养生息。道家学派倡导"慈心于物"，以慈悲之心对待一切动物，"物无贵贱"，以众生平等之心尊重动物，同时吸收了董仲舒的"天人感应论"，主张关爱和尊重动物会有好报，而残忍对待动物会受到惩罚。东汉时期佛教传入中国，经过传播发展形成具有中华民族特色的中国佛教，认为"众生皆有佛性"因而众生平等，"缘起论"认为宇宙万物有其必然联系，倡导人类关爱自然，善待动物（姜冰等，2022）。

随着人类文明和社会的进步，人与动物的关系已经由单纯利用动物，发展到了伦理道德化关怀的高度，并形成了具有伦理观念、道德准则和行为规范的理论体系。农场动物福利是动物福利中的一部分，它是基于"人与动物"和谐共赢的畜牧业可持续发展理念的科学诠释。畜牧业可持续发展旨在保护环境和畜禽遗传资源，是一种优化环境、技术应用适当、经济上能维持和社会能够接受的方式。其中，生态可持续发展是基础，经济可持续发展是条件，社会可持续发展是目的。农场动物福利的有效实施要求对涉及农场动物养殖、运输和屠宰全过程中的饲喂、环境、疫病、行为与人畜关系全维度的福利问题进行改善，最终建立"人与动物"和谐共赢关系，实现"生态 – 经济 – 社会"协同发展（图1–1）（姜冰等，2022）。不过目前中国农场动物福利处于起步发展阶段，尚未达到规范发展水平。一方面，动物福利概念主要参照世界动物卫生组织（WOAH）的界定，尚未形成结合中国国情和行业实际的本土化概念，在制定《中华人民共和国畜牧法》时，因概念不明确删除了"动物福利"这一描述。另一方面，中国尚未出台农场动物福利专项立法，但农场动物福利的思想理念在我国部分法律法规中已经有所体现，涉及内容包括农场动物的饲料管理、饲养、屠宰、运输、兽医执业管理、进出口检验检疫等方面规定，如《生猪屠宰管理条例实施办法》鼓励生猪定点屠宰厂（场）实施人道屠宰；《执业兽医管理办法》规定在执业活动中爱护动物，宣传动物保健知识和动物福利。同时，中国对农场动物福利的关注度不断提升，2013年在中国农业国际合作促进会与联合国粮食及农业组织、世界农场动物福利协会、英国皇家防止虐待动物协会等共同倡导下，建立由畜牧业相关企业、科研院所和社团组织为成员的社会团体——动物福利国际合作委员会（ICCAW），积极参与国际合作交流、举办福利养殖论坛、农场动物福利产品评比等活动，推进中国农场动物福利事业发展。但是，农场动物福利在中国的推广和实践与畜牧业发达国家存在较大差距，亟须在国家政策引导及行业协调监督下，形成产业链各主体与社会公众对农场动物福利的价值认同（姜冰等，2022）。

动物福利的改善不仅是社会伦理的要求，更与畜产品质量安全及畜牧产业的可持续发展密切相关。在发达国家日益加强对动物福利规制的背景下，我国畜禽养殖行业也应该积极应对并付诸养殖管理的实践。对于推动中国农场动物福利发展提出一些对策建议：①制定和完善农场动物福利的制度体系。设立农场动物福利相关职能部门，在农业农村部畜牧兽医司中增设农场动物福利处，专司全国农场动物福利工作的监督管理，包括制定农场动物福利的发展战略、政策、规划、计划并组织实施，起草农场动物福利法律、法规、规章并监督实施，对违法行为进行追责。建立农场动物福利法律体系，从农场动物福利的价值出发，结合中国特定的文化背景、畜牧业发展现状、公众

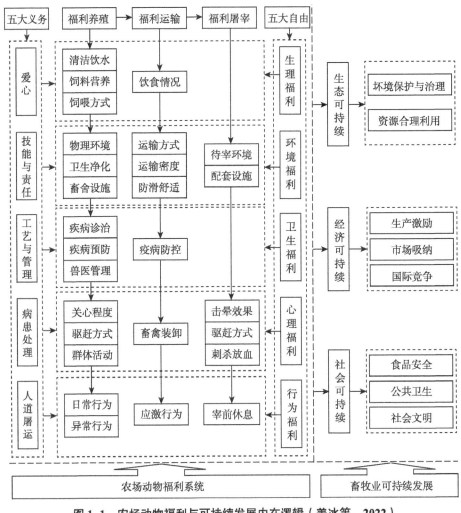

图 1-1　农场动物福利与可持续发展内在逻辑（姜冰等，2022）

对农场动物福利的诉求，采用逐步推进的方式，首先在《畜牧法》《动物防疫法》等现行法律中补充农场动物福利"5F"原则，规定对待农场动物要在饲养、运输过程中给予良好的照顾，避免动物遭受惊吓、痛苦或伤害，宰杀时要用人道的方式进行。制定农场动物福利评价机制，加快制定农场动物福利国家标准与评价体系，探索建立农场动物福利认证与追溯体系，对畜产品从养殖到加工全过程的动物福利水平进行追溯与评价，对于达到认证标准的产品授予农场动物福利标签。②鼓励和引导经营主体改善农场动物福利。制定引导经营主体改善农场动物福利的激励政策，鉴于当前我国农场动物福利国家标准缺失，可以参照现行的行业、团体、地方标准，结合当地福利养殖发展情况，制定农场动物福利的评价指标体系，划定不同福利等级，根据对养殖场动物福利的等级评定结果，结合养殖规模，给予经营主体相应资金、信贷、用地、技术和信息等方面的优惠政策，对农场动物福利改善技术、服务和设施等相关配套进行补助。③普及和深化对公众的动物福利教育。④推进和强化农场动物福利的交流与合作。加强企业间交流与合作，国内企业应积极与国内外具有丰富农场动物福利实践经验的企业开展交流活动，实地考察或邀请企业负责人分享养殖、生产、屠宰和加工环节农场动物福利改善技术以及动物福利产品的宣传推广经验。同时加强企业的国际合作，推出符合出口目的地农场动物福利标准的动物源产品（姜冰等，2022）。

第二节 中国肉羊养殖现状及存在问题

由于羊肉富含蛋白质和氨基酸，且味道鲜美、适口性好，随着人民生活水平的提高，羊肉逐渐成为人们喜爱的美食，而肉羊作为适应外界环境最强的家畜之一，食性广、耐粗饲、抗逆性强。激增的羊肉需求量以及饲养肉羊的投资少、周转快、效益稳、回报率高等优势，促使肉羊业快速发展，同时国内外养殖环境也为肉羊产业的发展提供了巨大空间，肉羊生产正逐渐成为一个黄金产业（徐刚，2022）。但同时意味着肉羊养殖管理需要更高的要求，随着肉羊养殖规模化的发展，肉羊养殖过程中存在的问题日益凸显，因此，我们需要从中发现问题并解决问题，通过分析肉羊养殖过程中出现的问题，制定严格的饲养管理制度，保障肉羊养殖各个环节有序进行，才能保证肉羊养殖业的可持续发展（姜静，2022）。

一、肉羊养殖的现状及存在问题

1. 饲养管理

随着养殖业的快速发展，大部分养殖场的养殖管理走向现代化模式，但部分养殖场仍然是一种粗管理，缺少专业的技术人员，管理水平意识薄弱，无法实施科学和规范的管理（朱晓晓，2022）。例如，部分养殖户为最大限度减少养殖成本的投入，在饲养羊群的时候往往饲料种类单一，营养不够全面均衡（李宇琦，2022）。特别是农村一部分零散养羊户在养殖过程中，将青草、玉米秸秆、麦草和稻草等植物作为肉羊的主要食物，仅依靠这些食物无法满足肉羊的营养需求，导致肉羊发育缓慢（徐刚，2022）。当冬季来临的时候没有新鲜牧草，不能达到育肥羊以及妊娠阶段母羊对于各种营养的需求，导致羊群自身抗病能力降低，出现肺炎以及腹泻等各种疾病，甚至还会导致羊群大范围死亡，影响经济收益（李宇琦，2022）。还有一部分养殖户为降低成本饲喂劣质饲料，甚至单纯进行放牧饲养，没有及时补充足够的精饲料，致使肉羊体重增加缓慢，肉质较差，长期下来还会引起体质下降，容易感染各种传染性疾病。但这并不意味只要在饲养中多添加精饲料，就可以加快肉羊的生长速度，过度喂养精饲料而忽略粗饲料的供给，不合理的饲料配比，也会导致肉羊营养失衡，出现营养性腹泻病。此外，规模化养殖场中需要储备大量的饲料，储存方式不当容易导致饲料受潮发霉，将其饲喂给肉羊，会导致其食物中毒，影响肉羊健康生长（徐刚，2022）。

2. 养殖方式

目前，肉羊养殖多以农民散养为主，没有条件接受正规的养殖培训，缺乏科学的饲养理念，养殖技术较为落后，而相关专业的高端技术人才较少，不愿意去偏远的养殖场工作，导致养殖场缺少专业的技术型人才，难以将养殖规模扩大。另外，养殖户资金缺乏，自筹能力不足，政府的补贴有限，难以引进先进的标准化养殖设备及专业的人才，这同样制约着肉羊养殖业的发展（徐运芳，2022）。由于农村养殖场地有限，为了充分利用现有的圈舍和设备，增加肉羊养殖数量和经济效益，一味地加大饲养密度，致使肉羊在有限的面积内采食和饮水，肉羊争抢饲料和饮水的机会增加，身体发育不均，体质弱小的肉羊容易诱发疾病，尤其容易感染寄生虫病和腿部疾病。同时饲养密集的情况下，肉羊活动量明显不足，在屠宰后羊肉气味太重，口感变差，大大降低了羊肉的营养价值（包玲玲，2020）。此外，没有制定免疫程序，没有固定的生活区和工作区，生活区和工作区交叉在一起，容易被病原微生物侵袭，造成人畜共患疾病的流行（姜静，2022）。将新引进的肉羊立即放入羊群中混养，极大地增加了肉羊发生疫病的概率。在对病死羊的处理中，随意填埋，甚至非法屠宰和售卖，加快疫病的扩散传播。部分养殖场还缺乏专业的粪便处理设备，对于粪便的处理不合规，最终对环境产生不利影响（姜静，2022）。

3. 肉羊品种

在对肉羊的养殖中，对肉羊品种的选择十分关键，肉羊品种不仅关系到养殖周期和养殖成本，还关系着羊肉的产量和品质，直接与养殖效益挂钩。首先，基层肉羊养殖场在肉羊的品种选择上存在很大的局限性，大多数选择购买当地自产品种，或利用存栏中的公羊和母羊进行交配繁殖后代，这种方式不利于肉羊品种的改良，还存在近亲繁殖的风险，使羊体内的隐性致病基因提前暴露，通过繁殖将疾病传染给羔羊。长期使用此方式进行养殖，会面临母羊繁殖性能下降、品种退化风险，影响肉羊的规模化养殖和养殖产业的长期发展（徐刚，2022）。其次，养殖户多为粗放管理，羊群多为混合饲养，母羊易出现早配早孕的现象，导致母羊体型较小，羔羊发育滞后或不良，长期也会导致整个羊群品种发生退化。此外，养殖户不注重对母羊的产后护理，导致母羊营养不良、体质虚弱、身体恢复较慢、泌乳不足，甚至发生疾病感染，继发不孕不育症，这对整个羊群的品种发展极其不利（徐运芳，2022）。

4. 养殖环境

首先，在栏舍的选择和建设时，多以旧屋改造，羊舍较为简陋，地理位置不合理，通常存在潮湿、背光、通风效果不佳、保温效果较差、栏舍区域规划不合理等问题。其次，部分养殖户对养殖场的卫生管理不到位，未能及时清理栏舍粪污，也未制定有效的清洗和消毒制度，圈舍和饲喂工具易滋生大量的病原微生物。外来人员和车辆可随时随意进出养殖场，易携带细菌、病毒等进入养殖场，这会给肉羊健康带来极大的安全隐患。再者，部分养殖户为了追求养殖效益，尽可能地增加肉羊的饲养密度，造成羊舍空气流动差，有毒有害气体超标，从而影响羊群正常生长发育（徐刚，2022）。此外，发展绿色养殖业是现代国家所倡导的发展方式，肉羊是反刍动物，反刍动物会产生对环境不利的气体，如氨气、甲烷、氮气等，对环境造成一定的影响，而且会对周边居民的正常生活产生一定的影响。肉羊的粪便若没有得到及时的处理，很容易引来寄生虫、苍蝇、蚊子等可以传播疾病的有害昆虫，对人们的健康造成了一定的威胁；有些养殖户有时会将肉羊的粪便直接排入周边的河道中，致使河道的水体富营养化，污染水资源（姜静，2022）。因此，应合理配比肉羊的日粮精粗搭配，使之产生较少的危害气体。另外，对肉羊的粪便应及时进行堆肥无害化处理，可用于农田中作有机肥料使用（刘秀丽，2022），养殖人员应具备环保意识，做好粪便的后续处理工作。

5. 防疫工作

疫苗免疫是保护肉羊健康生长的最直接最有效的措施之一。大部分养殖户受小农经济观念影响，对免疫防疫及疾病的认识不深入，片面地认为只要做好消毒便可，往往不会根据当地的疫病流行特点制定免疫接种程序，对突如其来的疫病防控抵御能力较差（徐运芳，2022）。疾病的传播方式多种多样，传播速度也不一样，但是疾病如果暴发，将对养殖场的经济造成重大损失。在养殖过程中，需要全方位地监察肉羊的健康信息，对病羊做到及时发现，及时隔离治疗，合理用药，降低经济损失。疾病预防是第一步，定期对肉羊开展疫苗接种，确定接种疫苗的类型，规范接种；条件允许的情况下，可适时对肉羊进行健康检查，预防疾病的发生；养殖人员也需要及时地更正信息，参加相关培训，掌握最新的疾病类型及养殖技术，从源头开始进行预防（姜静，2022）。同时有的养殖场没有专门的兽医人员，整个肉羊场缺乏完善的免疫接种程序，疫苗选择和保存也不科学，只是在外界疾病流行时才开始紧急免疫接种疫苗，整个羊群的抗体水平高低不齐，甚至将不同年龄的肉羊饲养在一起，年龄较大的肉羊具有一定免疫力，在接种疫苗后可以向外界排放病菌，这样会对年龄较小的肉羊产生威胁，羊群极易暴发疾病（朱晓晓，2022）。

二、解决肉羊养殖问题的对策

1. 科学饲养管理

当肉羊有着健康且营养全面的食物提供能量时，才可以确保肉羊质量提高，实现养殖户效益最大化（李宇琦，2022）。养殖户必须重视肉羊日常饮食管理，科学地搭配饲料，保证精饲料和粗饲料的配比合理，不过度追求肉羊的生长速度，单一地投喂精饲料，也不为节省养殖成本，只给肉羊食用未经处理的粗饲料，满足肉羊在各个生长阶段的营养需求，做到当餐现配，避免饲料过夜，影响饲料的营养价值。一般情况下，肉羊饲养前期主要以粗饲料为主，如作物秸秆、干草等，以提升其消化能力；随着肉羊的生长，适时增加精饲料比例，但多以添加研磨精饲料，并遵循循序渐进地增加饲料原则；而在饲养后期，多以精饲料为主，如豆腐渣、麦麸等，以保证育肥效果（徐运芳，2022）。此外，还应科学地储备与养殖规模相当的饲料，避免冬季青草料不足，导致肉羊断粮，还要避免储存过多或存放方式不科学，造成饲料变质、发霉、被污染，一旦出现上述情况，饲料要做销毁处理，不能继续饲喂肉羊，否则会对肉羊的健康产生不良影响，降低羊肉的品质（徐刚，2022）。在喂食肉羊的时候，要使用定时、定量喂养方法，加快肉羊生长发育。通常情况下，肉羊喂养要维持在 1 天 2 次，采食时间控制在 1.5 ～ 2 h/ 次，按照采食时间对喂料具体数量进行改变及控制（李宇琦，2022）。

养殖户还需给肉羊提供干净、充足的饮用水，不能让羊群摄入脏水或死水，尽可能提供井水或河水。最后，养殖户还需提供合适的运动场所，保障肉羊一定的运动量，以促进肉羊骨骼、肌肉的生长，并提高羊群的身体素质，减少疾病的发生（徐运芳，2022）。在放牧期间，要依据养殖场的实际情况决定羊群的放牧方式，做到早出晚归、每日饮水，并且做好防雨、防蚊虫叮咬等一系列的户外放牧工作（王海燕，2022）。

2. 改善养殖环境

建设具有良好设施的现代化养殖场地，是肉羊高效生产养殖的基础。因此，养殖户在养殖最初，必须做好羊舍的选址和建设工作。在选择养殖场地期间，需要选择通风性强、光照充足、水源方便等区域；同时，养殖的场地需要远离居民的生活区域、饮用水源、其他养殖场附近以及远离公路等公共性的区域，确保养殖场周边没有不良的污染源头。选择良好的养殖场地之后，进行养殖场的修建，科学规划场内的基础设施（王海燕，2022）。首先，要控制羊场朝向，以坐北朝南为宜，要确保生活区、管理区、生产区、隔离区彼此之间相互独立，既有利于防疫，又有利于环境卫生。其次，羊场内道路应分为清洁道和脏污道，清洁道以运输饲料等为主，脏污道以运输粪便和病死羊为主。再次，建舍时应遵循因地制宜的原则，结合当地气候条件可建密闭式、半开放式、开放式，标准化羊舍，封闭式羊舍适宜建立于温度变化较大的区域，半开放式羊舍适宜建立于温度适宜的区域。接着，要确保所建设的羊舍宽敞，其高度控制在 2.5 m 左右，长度及宽度结合养殖规模、数量予以确定，羊舍地面应高于舍外地面 20 cm，避免雨季出现积水等现象。要结合肉羊日龄、用途等因素控制好饲养密度，种公羊 1.8 m²/ 只，母羊 1 m²/ 只，育成羊 0.8 m²/ 只，怀孕母羊 1.2 m²/ 只，羔羊 0.5 m²/ 只（梁金花，2022）。另外养殖场要确保有干净充足的水源供给，在养殖场有专门的消毒区域和消毒设备，能够供日常工作人员和车辆进行消毒，配置专用的饲料槽和饮水槽，在羊舍安装换气设备和供暖设备，确保在炎热夏天能够通风降温，冬季御寒保暖（徐刚，2022）。

科学的环境控制能够确保肉羊良好生长，降低疾病出现的可能性，而且干净的环境同样是肉羊标准化养殖的基础。在养殖的时候要加大对环境卫生的管理力度，防止传染性疾病出现。羊舍环境控制工作有：按时对羊舍消毒，通风换气以及稳定温湿度等，还要建立完善的消毒体系，确保羊舍内部及外部都处于干净状态，能够抑制住病原微生物的滋生和繁殖，减少病原微生物导致的感染。随着养殖规模进一步扩张，在养殖的时候要科学控制饲养密度，羊舍里的密度不能太高。除此之外，肉羊养殖的时候还要控制好环境温湿度，冬季时期进行防寒保暖，夏季时期进行有效防暑，防止由于温差太大使得羊只抗病能力降低，从而导致疾病出现。羊舍内部湿度不能太高，不然会导致病原微生物不断繁殖，出现一系列传染性疾病。而且还要保证羊舍通风良好，配置通风设备，避免有害气体聚集，感染羊只呼吸道而导致疾病，给肉羊健康发育带来不利影响（李宇琦，2022）。在肉羊的养殖中，要每日对羊舍进行卫生清扫工作，及时清理羊舍内的肉羊粪便、板结硬化的垫草和其他污染物，破坏病原微生物的生存环境，按时对羊舍的墙壁、地面、饲料槽、饮水槽等进行消毒处理，使致病微生物得到进一步清理，可以有效防止疫病的滋生和蔓延。在养殖场门口设立消毒池，养殖场内部设立消毒更衣室，方便工作人员进出羊舍时穿着专门的经过消毒处理的衣帽鞋子，定期更换消毒药物，轮换使用消毒剂，增加消毒效果。规模养殖场最好实施自繁自养、全进全出、封闭式管理的养殖模式。加强羊舍的通风换气，加快新鲜空气的流通（徐刚，2022）。

3. 选择优良肉羊品种

肉羊养殖过程中，品种选择是否合理，是影响养殖效益的根本因素。虽然不同品种肉羊均可制作羊肉制品，但是其产量、质量却存在着巨大的差异。同时，肉羊品种亦是影响羊肉优质的重要因素，当前我国肉羊品种丰富，主要包括绵羊和山羊两大类。以山羊为例，可分为奶用山羊和毛皮用山羊等，其品种不同，肉质也必然存在差异。部分养殖人员在选择肉羊品种时存在较强的盲目性和随意性，再加上后期不重视品种改良工作，导致肉羊生长发育缓慢，出栏慢，产量低且肉质差，严重影响羊肉制品市场竞争力，养殖效益也必然得不到保障。因此在肉羊养殖前，做好品种选择工作至关重要（梁金花，2022）。养殖户需要结合当地的环境特征、市场需求，从具有相应繁育资质和许可证的羊场引进优良品种，不得从疫区或者是不具备相应的引种机制的养殖场和散户处进行引种（刘文钦，2020）。在挑选好适当的种羊之后进行运输期间，需要加强对于运输过程的管理，做好隔离防护措施，路途中不要在疫区、城镇处过多停留。当种羊运输到目的地之后，需要先将其放置在隔离舍内进行观察，期间做好卫生消毒管理工作，在经过 7 ～ 30 d 的喂养观察期之后，经有经验的兽医检查确认完全健康不携带病原微生物之后才能够转入集中养殖羊舍，避免出现疫病传染的可能性。同时为了有效地提升肉羊养殖的经济效益，在养殖期间通常会采取杂交技术，即选择综合品质良好的地方肉羊品种与外来优质生产品种分别作为母本和父本，经过经济杂交的生产方式来获取商品羊。经济杂交下产出的肉羊品种能够兼具母本与父本两者之间的优良特性，其环境适应性、抗病性能更强，并且肉质良好、生长发育速度快、繁殖效率高，能够快速地为养殖户创造可观的经济效益（王海燕，2022）。

4. 加强疫病防控管理

肉羊的疾病防治应当秉承预防为主、综合防治的核心原则，采取不同的方式进行有效的疾病防控管理。在日常管理过程中做好疫苗的定期接种，避免出现重大疾病的传播。常见的疫苗种类有羊痘苗、羊三联四防苗、口蹄疫疫苗、小反刍兽疫疫苗等，在进行疫苗接种期间，应当遵循当地兽医部门的要求严格操作，科学防疫。除此之外，养殖户还需要详细了解养殖过程中肉羊常见的各种疾病发生的规律及症状，例如，大肠杆菌病、口蹄疫、破伤风等。了解一些常见疾病的临床症状，及时地对羊群进行详细的观察，一旦出现羊群发病的迹象及征兆，及时应对处理。在出现传染性疾病时期，养殖户需要及时将病羊进行隔离处理，并且上报专业防疫部门，采取合理的措施进行治疗，将传染性疫病所带来的损失降低（王海燕，2022）。

5. 提高饲养人员管理技术水平

饲养人员的技术水平是影响肉羊效益的关键因素，因此，要不断提升饲养人员的专业能力、综合素质以及知识水平，在一定程度上提高肉羊的养殖效率，增强肉羊养殖效益。在实际管理中，养殖场可以直接聘用对口专业的学生，因为这类学生本身具备专业的养殖技术，知识水平也比较高，并且综合素质比较强。此外，养殖场还可以定期举行专题讲座或者培训，从高校或者相关部门聘请专业的老师，进一步提高饲养人员的专业水平，提升肉羊养殖技术，增加肉羊养殖的经济效益（李宇琦，2022）。

第三节　中国肉羊福利养殖发展展望

世界动物保护协会（WSPA）将动物分为农场动物、实验动物、伴侣动物、工作动物、娱乐动物和野生动物六类。《关于保护农畜动物的理事会指令》中将农场动物定义为"由个人、家庭、社群、联合体或公司组成的规模可以从数头到成千上万头不等的生产各种畜牧产品的生产单位、生产组织或生产企业,为了食物、毛、皮革或者毛皮产出为目的饲养或拥有的动物"。在中国泛指家庭经营和规模化经营中可以转化为肉、蛋、奶、毛绒、皮、丝、蜜等动物性产品的畜禽。中国在推进畜牧业可持续发展进程中,仍面临畜禽养殖环保压力大、饲料资源约束趋紧、畜牧业生产效率不佳、畜产品国际竞争力不足、质量安全问题频发、动物疫病风险长期存在等重大挑战(熊学振等,2022)。推进畜牧业可持续发展是确保重要畜产品有效供给的必然要求和维护生态安全的重大举措,对于推进乡村振兴、保障粮食安全、建设健康中国具有重大意义。

羊是哺乳纲偶蹄目家畜。肉羊体形较胖,身体丰满,体毛绵密,头短,具有很强的群居行为,通过头羊和群体内的优胜序列维系群体成员之间的活动。肉用羊喜欢温暖、湿润、全年温差较小的气候。羊的嗅觉比视觉和听觉灵敏,靠嗅觉辨别饮水的清洁度,拒绝饮用污水、脏水。肉羊体型较大,运动空间广、关节多,相较于其他大型动物,更加柔韧灵活,体姿多变,并伴有与心理相关的高级行为。基于羊的特性,国内外学者以精准养殖、提升羊只福利为目标,开展了多方面的研究。目前有研究者提出了精准养羊(precision sheep management,PSM),将羊作为个体或小群体进行管理,而非以群体方式进行管理(Atkins,2005)。利用各种传感器持续地获取羊只个体各时段信息,如体温、体质量、行为(站立、趴卧)、饮食(饮水、进食)、情绪、环境参数等指标,应用个体自动识别技术(如射频识别)、大数据技术、专家决策技术等对个体进行生长评估、营养水平评估、情绪预测、疾病诊断等,实现高效率、低成本、福利化的现代生态养羊。这一整套的科学养殖和管理方法优化了个体贡献,促使养羊业高效益、低成本、生态、可持续发展(何东健,2016),在提高肉羊生产效益的同时,确保了羊肉产品的质量和安全。另外规范统一整体育种,科学管理,应用现代育种技术,加大育种经费投入和商业生产杂交品种的开发力度,以及在养殖各环节改善肉羊的福利化,提升肉羊的生存条件和产品品质,改良地方低产肉羊的品质等对于促进肉羊产业健康发展具有重要意义(梅步俊等,2019)。

与普通养殖相比,肉羊福利养殖需要在以下几个方面具备更高的要求:①福利养殖中饲喂和饮水环节对日粮的成分、饲喂量、饲喂方式及清洁饮水的充分供给要求更高。如日粮的营养供给在不同生理阶段始终维持良好身体状况的需求量;变更饲草料和饲喂量应满足 7 d 以上过渡期;特定比例的饮用水位配备等，这些细化的饲喂要求势必会增加饲料成本和饮用水供给成本。②福利养殖环境标准要求更高。如足够的活动空间，一定比例的运动场，舒适的休息区域，适宜的温度、湿度、照明，有效的通风，充分满足动物习性的环境等，这将增加饲养的固定资产投入成本。③福利养殖管理更加人性化。如羊场应将不认羔羊的母羊赶入母仔栏单独饲养，确认母仔相认后方归入大群；对舍饲公母种羊每年进行 2 次修蹄，预防跛足；不定期检查、维修栏舍，随时预防动物受伤等。对管理人员的专业性要求更高，要求投入的精力更多，人工成本更高。④要有规范的健康计划。由于良好的饲养环境和人性化的管理水平能有效降低肉羊的发病率和死亡率，因此，可有效降低健康计划中的疫病防控成本。⑤运输和屠宰环节要求不一样。动物福利运输和屠宰符合伦理要求，尽可能减少动物的疼痛、恐惧和压力（郑薇薇，2017）。

现阶段肉羊福利养殖才刚刚起步，在改善动物福利方面也面临巨大挑战。生产中我们要充分利用自身条件结合肉羊的生物学特性，通过加强消费者对动物福利的认知，提升消费者对动物福利的关注，给予动物福利改善更多的支持。同时还要加强动物福利养殖技术研发与推广，推动现有规模养殖向福利养殖转型，加大各层对福利养殖项目的支持与研发投入，加强福利养殖方面技术支撑体系建设以及推广。总之关键是要探索出一条切实可行的高福利养殖模式，在改善肉羊福利的同时，努力改善人们的食品安全及肉羊养殖业的可持续发展能力（杨燕燕，2020；刘静，2017）。

参考文献

包玲玲，陈鹏，史文秀，等，2020. 肉羊养殖的现状与改进对策 [J]. 兽医导刊 (15)：89.

彼得辛格，1999. 动物解放 [M]. 孟祥森，钱永祥，译. 北京：光明日报出版社 .

何东健，刘冬，赵凯旋，2016. 精准畜牧业中动物信息智能感知与行为检测研究进展 [J]. 农业机械学报，47(5)：231–244.

姜静，刘欣欣，2022. 肉羊养殖效益分析及存在问题 [J]. 中国动物保健，24(12)：97–98.

李宇琦，2022. 标准化肉羊养殖技术 [J]. 今日畜牧兽医，38(11)：60–61，80.

李柱，2012. 国内外动物福利的发展历史及现状 [J]. 中国动物保健，14(7)：7–9.

梁金花，2022. 影响肉羊养殖效益的关键因素及规避措施 [J]. 中国动物保健，24(10)：97–98.

梁永厚，包阿东，梅步俊，等，2020. 福利化养殖肉羊现代育种技术应用 [J]. 中国畜禽种业，16(10)：96–97.

刘静，2017. 改善肉羊养殖动物福利，提高肉品质量安全 [J]. 中国畜禽种业，13(01)：19.

刘文钦，2020. 肉羊健康养殖的关键技术措施 [J]. 养殖与饲料 (1)：41–42.

刘秀丽, 高幸福, 2022. 肉羊养殖管理存在的问题与解决策略 [J]. 中国畜禽种业, 18(4)：108-
109.

梅步俊, 王志华, 2019. 内蒙古肉羊遗传评估方法与应用研究进展 [J]. 河套学院论坛,
2019(2)：81-89.

曲如晓, 2010. WTO 框架下的贸易壁垒及应对机制研究 [M]. 北京：北京师范大学出版社 .

王海燕, 2022. 提高肉羊养殖效益的关键技术 [J]. 农家参谋 (21)：91-93.

熊学振, 杨春, 马晓萍, 2022. 我国畜牧业发展现状与高质量发展策略选择 [J]. 中国农业科技
导报, 24(3)：1-10.

徐刚, 2022. 浅析肉羊养殖过程中的问题与改善 [J]. 吉林畜牧兽医, 43(11)：83-84.

徐运芳, 2022. 肉羊标准化健康养殖技术探讨 [J]. 中国畜牧业 (20)：72-73.

杨燕燕, 翟琇, 达来, 等, 2020. 内蒙古牧区放牧羊的福利养殖现状分析 [J]. 畜牧与饲料科学,
41(5)：86-90.

张丽娜, 武佩, 宣传忠, 等, 2019. 基于精准养殖提升肉羊生产效益及福利化水平研究进展
[J]. 江苏农业科学, 47(12)：43-48.

郑微微, 沈贵银, 2017. 我国农场动物福利养殖经济效益评价——以内蒙古富川饲料科技股
份有限公司为例 [J]. 江苏农业科学, 45(21)：360-362.

朱晓晓, 邱良伟, 徐守洁, 2022. 肉羊养殖的现状及改进对策 [J]. 中国畜禽种业, 18(4)：132-
133.

ATKINS K D, BESIER B, COLDITZ I G, et al., 2005. Integrated animal management system and
method：AU，WO/2005/101273[P]. 10-27.

第二章

肉羊优良品种

第一节 中国优良地方肉羊品种

一、肉用型地方绵羊品种

1. 阿勒泰羊

新疆维吾尔自治区阿勒泰地区特有品种。阿勒泰羊股部生有突出的脂臀，这是与其他羊的最明显区别。其具有耐粗饲、抗严寒、善跋涉、体质结实、早熟、抗逆性强、适于放牧等特性。阿勒泰羊肉历来被当作冬季进补的重要食品之一。寒冬常吃阿勒泰羊肉可益气补虚，促进血液循环，增强御寒能力（图2-1）。

图 2-1　阿勒泰羊

2. 巴尔楚克羊

原产于巴尔楚克城（即今巴楚县）。巴尔楚克羊全身被毛白色，公母羊均无角，头型呈三角形，额长宽均匀，鼻梁略凸，属短尾羊。该羊非常耐粗饲、抗病力强、一年四季放牧、耐盐碱、耐热、耐干旱、肉质好、风味独特（图2-2）（高志英等，2010）。

图 2-2　巴尔楚克羊

15

图 2-3　塔城巴什拜羊

图 2-4　巴音布鲁克羊

图 2-5　大尾寒羊

3. 塔城巴什拜羊

塔城巴什拜羊是新疆维吾尔自治区塔城地区特有品种。毛色以红棕为主，头大小适中，母羊多数无角，公羊大都有角，个别有 4 个角，角呈棱形，颈中等长，胸宽而深，鬐甲和十字部平宽，背平直。具有体质结实、适应性广、耐寒、耐粗饲、产肉性能高、脂臀较小、增膘快、毛质好、肉品品质好等优点，羔羊肉肌肉纤维细嫩、胆固醇含量低、味美（图 2-3）。

4. 巴音布鲁克羊

巴音布鲁克羊是新疆肉脂兼用型地方绵羊品种之一。其头较窄而长，耳大下垂，公羊多有螺旋形角，母羊有角或有角痕。尾属短脂尾，毛被属异质毛，头和颈部毛色为黑色，体躯为白色。巴音布鲁克羊具有早熟、耐粗饲、抗寒抗病、适应高海拔地区等优点（图 2-4）。

5. 大尾寒羊

大尾寒羊产于冀东南、鲁西聊城市及豫中密县一带。前躯发育较差，后躯比前躯高，四肢粗壮，蹄质结实。大尾寒羊的羔皮和二毛皮，毛股洁白、光泽好，有明显的花穗，毛股弯曲由大浅圆形到深弯曲构成，一般有 6～8 个弯曲。其性情温顺、耐粗饲、适应性广、抗病力强（图 2-5）。

6. 多浪羊

多浪羊是新疆优良肉脂兼用型绵羊品种，因其中心产区在麦盖提县，故又称麦盖提羊。其体大躯长，肋骨拱圆，胸深而宽，前后躯较丰满，肌肉发育良好，头中等大小，鼻梁隆起，耳长而宽。有宝贵的多胎性、繁殖率高，采食能力强、饲料报酬高、产肉性能好、肉质鲜美可口（图2-6）（赵有璋，2010）。

图 2-6　多浪羊

7. 广灵大尾羊

广灵大尾羊是山西省绵羊优良品种，是以产肉为主，产皮毛为辅的兼用型羊种。头中等大小，耳略下垂，公羊有角，母羊无角，颈细而圆，体型呈长方形，四肢强健有力。体质结实紧凑、耐粗饲、适应性、出肉率高、肉质细嫩鲜美（图2-7）（史保洲等，1985）。

图 2-7　广灵大尾羊

8. 哈萨克羊

哈萨克羊原产于天山北麓、阿尔泰山南麓，肉脂兼用型粗毛羊品种。头大小适中，鼻梁隆起，耳大下垂。尾宽大，外附短毛，内面光滑无毛，呈方圆形，毛色以全身棕红色为主。其具有体质健壮、放牧性能好、适应性广、耐粗饲、增膘快、产肉多等特点（图2-8）。

图 2-8　哈萨克羊

图 2-9　呼伦贝尔羊

图 2-10　湖羊

图 2-11　兰坪乌骨绵羊

9. 呼伦贝尔羊

呼伦贝尔羊产于呼伦贝尔市新巴尔虎左旗、新巴虎右旗、陈巴尔虎旗和鄂温克族自治区旗。头大小适中，耳大下垂，颈短粗，肋骨弓圆，尻部平宽，略呈长方形，被毛为白色异质毛，头部、腕关节及飞节以下部分有色毛。其具有耐寒耐粗饲、善于行走采食、能够抵御恶劣环境、抓膘速度快、保育性强、羔羊成活率高、肉质好且无膻味等特点（图 2-9）。

10. 湖羊

湖羊是太湖平原重要家畜之一，也是我国一级保护地方畜禽品种。公、母羊均无角，头狭长，多数耳大下垂，颈细长，尾扁圆，尾尖上翘，被毛全白，腹毛粗、稀而短，体质结实。湖羊耐热、耐湿、成熟早、母羊终年发情、繁殖率高。以羔皮轻柔，花案美观著称（图 2-10）。

11. 兰坪乌骨绵羊

兰坪乌骨绵羊是云南省怒江州兰坪县的特产。乌骨羊眼睛呈浅墨色，口腔黏膜及牙龈均呈青绿色，似透明的绿玉，毛根部或肘后呈青紫色。由于长期的粗放饲养管理使其具有采食能力强、饲料利用范围广、性情温顺、易管理等特点（图 2-11）。

12. 鲁中山地绵羊

鲁中山地绵羊产于山东省中南部的泰山、沂山、蒙山等山区丘陵地带，属肉裘兼用型绵羊地方品种。其被毛以白色居多，亦有杂黑褐色者。体格较小，头大小适中，额较平，有中、小两种耳形，属短脂尾，尾尖多呈弯曲状。具有抗病能力强、肉品质好、耐粗饲、性情温驯、登山能力强、适于山区放牧等特点（图2-12）（张秀海等，2013；吐尔逊·司马义等，2010）。

图 2-12 鲁中山地绵羊

13. 罗布羊

罗布羊产于新疆维吾尔自治区巴音郭楞蒙古自治州尉犁县，是当地绵羊品种中的主体优势畜种，具有遗传性稳定，体格中等，适宜平原区的荒漠、半荒漠草场，耐粗饲，抗病抗逆性强，放牧肥育能力好等优点，是适合荒漠、半荒漠草场放牧的肉脂兼用型绵羊品种类群（图2-13）（莎丽娜等，2008）。

图 2-13 罗布羊

14. 蒙古羊

蒙古羊是我国三大粗毛羊品种之一，其体质结实，骨骼健壮。头形略显狭长，鼻梁隆起，耳大下垂，公羊多有角，母羊多无角。蒙古羊生活能力强、适于游牧、耐寒、耐旱，并有较好的产肉、产脂性能，是我国宝贵的畜禽遗传资源之一（图2-14）。

图 2-14 蒙古羊

图 2-15　宁蒗黑绵羊

图 2-16　石屏青绵羊

图 2-17　苏尼特羊

15. 宁蒗黑绵羊

宁蒗黑绵羊产于中国云南省丽江市宁蒗彝族自治县。头稍长，耳大前伸，公羊螺旋形角，母羊一般无角。全身被毛黑色，额顶有白斑（头顶一枝花），异质被毛。具有适应冷凉山区多变的环境条件、采食能力强、饲料利用范围广、性情温顺、抗病性强、易管理等特点（图 2-15）。

16. 石屏青绵羊

石屏青绵羊是云南省红河哈尼族彝族自治州石屏县特有品种。体格中等，结构匀称，体质结实，被毛青色为特征。具有行动灵活、善爬坡攀岩的独特性能，其皮薄、肉色鲜红、肉质细腻、味香可口、营养丰富（图 2-16）（马章全，1989）。

17. 苏尼特羊

苏尼特羊是内蒙古优良的地方肉羊品种之一。体质结实、结构均匀，公、母羊均无角，头大小适中，耳大下垂，眼大明亮，颈部粗短。被毛为异质毛，毛色洁白，头颈部、腕关节和飞节以下部、脐带周围有有色毛。其具有耐寒、抗旱、生长发育快、生命力强等特点，是最能适应荒漠半荒漠草原的一个肉用地方良种（图 2-17）（孙双印，1997）。

18. 同羊（同州羊）

陕西同羊是我国优良的绵羊品种之一。同羊有"耳茧、尾扇、角栗、肋筋"四大外貌特征。耳大而薄（形如茧壳），向下倾斜。其肉质鲜美、全年发情、遗传性稳定和适应性强，是多种优良遗传特性结合于一体的独特绵羊品种（图2-18）（王卫林，2018）。

图 2-18　同羊

19. 吐鲁番黑羊

吐鲁番黑羊是新疆维吾尔自治区吐鲁番市特有品种。其出生时全身乌黑，一两年后，随着年龄的增大，虽然部分羊毛色有所变，但无论怎么变，其根部依然是黑色，身体亦是黑色。吐鲁番黑羊具有膘肥、皮薄、肉嫩、无膻味及皮下脂肪适中，羊肉肥而不腻、汤味浓稠乳白、气味芳香、鲜美，营养滋补等特点，是一种珍稀的肉用型地方绵羊品种（图2-19）。

图 2-19　吐鲁番黑羊

20. 洼地绵羊

洼地绵羊是生长在鲁北平原黄河三角洲地区的地方绵羊品种，是国内外罕见的四乳头母羊，鼻梁微隆起，耳稍下垂，公、母羊均无角，全身被毛白色，少数羊头部有褐色或黑色斑点。其产羔多，四乳头，有高繁殖力、高泌乳力趋势；同时具有耐粗饲、躯体壮、蹄质坚硬、抗病力强、成熟早等特点（图2-20）。

图 2-20　洼地绵羊

21

图 2-21　乌冉克羊

图 2-22　乌珠穆沁羊

图 2-23　小尾寒羊

21. 乌冉克羊

乌冉克羊是内蒙古自治区锡林郭勒盟阿巴嘎旗特产。乌冉克羊以黄头（颈）、褐青头（颈）为主，体躯白色。眼大而突出，颈中等长，颈基粗壮，鬐甲稍高，部分个体颈上部有鬃毛。乌冉克羊耐寒、成活率高，生长发育快，对草原气候和放牧饲养条件有良好的适应性，同时其合群性好、遗传性能稳定、具有多脊椎多肋骨特征、瘦肉多、肉质优良（图 2-21）。

22. 乌珠穆沁羊

乌珠穆沁羊产于内蒙古锡林郭勒盟东部乌珠穆沁草原。体质结实，公羊有角或无角，母羊多无角。颈中等长，体躯宽而深，胸围较大，后躯发育良好，肉用体型比较明显。乌珠穆沁羊适于终年放牧饲养，具有增膘快、蓄积脂肪能力强、产肉率高、性成熟早等特性。同时，乌珠穆沁羊也是做纯种繁育胚胎移植的良好受体羊，后代羔羊体质结实、抗病能力强，适应性较好（图 2-22）。

23. 小尾寒羊

小尾寒羊由本地大绵羊和新疆细毛羊杂交育成，属于肉裘兼用型。小尾寒羊体形结构匀称，短脂尾呈圆形，体躯长，呈圆筒状，四肢高，健壮端正。其具有成熟早、肉质好、四季发情、繁殖力强、遗传性稳定等特性（图 2-23）（张玉珍，2014）。

24. 豫西脂尾羊

豫西脂尾羊属蒙系绵羊，源于中亚和远东地区，是河南省优良的地方品种。该羊多为白色，公羊角呈螺旋形，母羊大无角。脂尾呈椭圆形，尾尖紧贴尾沟，将尾分为两瓣，于飞节以上。豫西脂尾羊胴体丰满，肉质细嫩，脂肪分布均匀，繁殖率高，性成熟早，母羊多为一年一胎，也有一年二胎（图 2-24）（雷芬等，2006）。

图 2-24　豫西脂尾羊

25. 欧拉羊

欧拉羊属藏系绵羊种，产于甘肃省玛曲县欧拉乡及其毗连的青海省和河南省的部分地区。其体质结实，头稍狭长，呈锐三角形，耳较大，多数具有肉髯，公羊前胸着生黄褐色"胸毛"，而母羊不明显。欧拉羊素以个体高大、肌肉丰满、产肉量高而著称，是藏系绵羊中产肉性能最好的羊种（图 2-25）（张廷灿，2015）。

图 2-25　欧拉羊

二、肉用型地方山羊品种

1. 白玉黑山羊

白玉黑山羊主要分布在四川省甘孜州白玉县。其全身被毛黑色，皮肤为乌黑色。体格较小，头呈等腰三角形，额窄小，耳中等大小而直立，颈部伸展无肉垂，躯干整体略呈长方形，尾短呈矩形。白玉黑山羊耐高寒气候、合群性好、爬山能力强、不苛求饲料、对疾病的抵抗力强、具有较好的产绒性能（图 2-26）。

图 2-26　白玉黑山羊

2. 板角山羊

板角山羊主产于四川省达州市万源和重庆市城口、巫溪县等地，是经当地群众长期选育而成的皮、肉兼用型山羊良种。被毛白色占绝大多数，黑色、杂色个体很少。公、母羊均有角，角型宽而略扁，向后方弯曲扭转。该羊具有体型大、生长快、产肉多、膻味轻、皮张面积大、质量好、适应性强，抗病力强等特点（图2-27）。

图2-27 板角山羊

3. 北川白山羊

北川白山羊是北川县羌族人民在特定的生态环境中，经过长期的封闭饲养选择形成的地方山羊品种。其被毛绝大多数呈白色，公羊角型宽而略扁，母羊角型略细。成年公母羊均有胡须，少数颈下有肉垂，体躯长方形，头小方正，两耳微趴。具有生产性能良好、体格高大、繁殖率高、适应性强等特点（图2-28）（黄正泽等，1997）。

图2-28 北川白山羊

4. 成都麻羊

成都麻羊产于四川省成都平原及其附近丘陵地区，其全身被毛短而有光泽，毛色分为赤铜色、麻褐色和黑红色。多数羊有角，且从角基起沿颈背延至尾根有一条黑色毛带，从鬐甲两侧至前肢下端又有一条黑色毛带，两条毛带呈十字交叉，习称"十字架"。多数母羊从两角基部前缘外侧，经眼前上方过内眼角沿鼻梁侧面至上唇各有一条纺锤形浅褐色毛带，俗称"画眉眼"。成都麻羊具有前期生长发育快、早熟、繁殖力高、适应性强、耐湿热、耐粗放饲养、遗传性能稳定等优点（图2-29）（李彦屏等，2005）。

图2-29 成都麻羊

5. 承德无角山羊（燕山无角山羊）

承德无角山羊是河北省承德市特有的肉、皮、绒兼用型山羊品种。公母羊均无角，头大、额宽、颈粗、胸阔、额头上有旋毛，颌下有髯，毛长绒密，背毛以全黑色居多。该品种具有体大健壮、生长发育快、产肉性能高的特点（图2-30）。

图2-30 承德无角山羊

6. 大足黑山羊

大足黑山羊原产于重庆市大足区，属于肉皮兼用型地方优良山羊品种。全身被毛全黑、较短，肤色灰白，多数有角有髯，角灰色、较细、向侧后上方伸展呈倒"八"字形。具有性成熟早、繁殖力高的基本特性，在全国的山羊养殖中属于产羔率最高的，其羊肉的品质相较于其他品种也较高（图2-31）（边仕育等，2006）。

图2-31 大足黑山羊

7. 戴云山羊

戴云山羊产于福建省戴云山脉。毛色以全黑为主，亦有少数褐色，白色极少见。体躯结实，四肢健壮，头狭长，呈三角形。戴云山羊长期生长在中高海拔山区，耐高温、高湿、粗饲、产肉性能好、皮薄细嫩、膻味轻（图2-32）。

图2-32 戴云山羊

图 2-33 都安山羊

8. 都安山羊

都安山羊是广西壮族自治区河池市都安瑶族自治县特有品种。毛色多为黑色、麻色、黄色，也有黑白花和白色。腹下、四肢上部被毛和公羊的鬃、鬐毛较粗长。体型较小，结构紧凑，体躯呈长方形，体质健壮结实，皮薄有弹性，结构匀称。都安山羊肉质细嫩而有弹性，颜色鲜艳，结缔组织少，脂肪坚实、色白，背部脂肪分布均匀。其味鲜美，膻味小（图 2-33）。

图 2-34 凤庆无角黑山羊

9. 凤庆无角黑山羊

凤庆无角黑山羊产于云南省凤庆县。其特征主要是被毛黑色、无角、体格高大、颈粗、肩宽、胸宽深、背腰平直、体躯较长、腹大充实而不下垂。该品种适应性广、抗逆性强、耐粗饲；板皮坚实，肉质细嫩。屠宰率高、膻味小、生长快（图 2-34）（徐立德，1984）。

10. 福清山羊

福清山羊产区位于东南沿海，属南亚热带气候区。羊头略呈三角形，角分别先向后再向外弯曲，颌下都有一撮胡子，毛色一般为深浅不一的褐色或灰褐色。颜面鼻梁上有一近三角形的黑毛区，再从颈脊延伸，成一带状黑色毛区，俗称"乌龙背"。福清山羊的特点是皮薄而嫩（呈浅蓝色）、肉鲜，膻味小，可以连皮烹食（图 2-35）。

图 2-35 福清山羊

11. 广丰山羊

广丰山羊是江西优良山羊品种之一。体型偏小，脸长额宽，公母羊均有角。公母羊的下颚前端有一撮胡须，全身被毛白色。该羊性情温顺，其肉肌理细嫩，膻味少，口感好，不油腻，性燥热，冬食可暖脾胃补身体，增强抗寒能力，且脂肪含量低，胆固醇含量低，是高血压、动脉硬化患者的理想肉食品（图2-36）。

图 2-36　广丰山羊

12. 圭山山羊

圭山山羊是云南省昆明市石林县特有品种。体格中等，体质结实，胸宽长，体躯丰满，近于长方形。圭山山羊肉质细嫩、味道鲜美浓郁（图2-37）。

图 2-37　圭山山羊

13. 贵州白山羊

贵州白山羊是贵州省地方优良品种。白色短毛、体型中等、大部分有角、角向同侧后上外扭曲生长，颈部较圆，部分母羊颈下有一对肉垂，胸深，背宽平，体躯呈圆桶状，体长，四肢较矮。该品种具有产肉性能好、繁殖力强、板皮质量好等特性。贵州白山羊肉质细嫩，肌肉间有脂肪分布，板皮拉力强而柔软，纤维致密（图2-38）。

图 2-38　贵州白山羊

27

图 2-39 贵州黑山羊

图 2-40 槐山羊

图 2-41 济宁青山羊

14. 贵州黑山羊

贵州黑山羊主产于贵州省毕节市。贵州黑山羊被毛以黑色短毛为主，体躯近似长方形，头部大小适中，额下有须。大多数羊有角、呈褐色、镰刀形。具有肉质优良、体型较大、合群性好、采食性广、游走能力强和抗逆性强等特点。另外黑山羊板皮厚满、皮毛质软细小，是重要出口物资（图 2-39）。

15. 槐山羊

槐山羊俗称槐皮山羊，又名黄淮山羊。被毛全为白色，公母羊均有角，体格中等，背腰平直，肋骨开张。前躯较宽，后躯发达，额宽嘴尖，面部微凹，蹄质坚实呈蜡黄色，母羊乳房呈半球形。其肉质纤维细、鲜嫩多汁、瘦肉多、脂肪少、营养丰富、易消化，无膻味，是我国山羊品种中唯一产幼嫩羊肉品种（图 2-40）。

16. 济宁青山羊

济宁青山羊主要分布在菏泽和济宁地区。公、母羊均有角，角向上、向后上方生长。颈部较细长，背直，腹部较大，四肢短而结实。青山羊以性成熟早、常年发情、繁殖率高及独特的毛色花型、产羔皮（青山羊羔皮、猾子皮）而著称，是我国优良的皮肉兼用山羊品种（图 2-41）。

17. 建昌黑山羊

建昌黑山羊中心产区为四川省会理县、米易县。体格中等，头呈三角形，鼻梁平直，两耳向前倾立，公、母羊绝大多数有角、有髯。毛被光泽好，大多为黑色，少数为白色、黄色和杂色。黑山羊肌纤维细、硬度小、肉质细嫩、味道鲜美、膻味极小、营养价值高，具有滋阴壮阳、补虚强体、提高人体免疫力、延年益寿和美容的功效（图2-42）（袁海毅，2017）。

图2-42 建昌黑山羊

18. 莱芜黑山羊

莱芜黑山羊是山东省莱芜市特有品种。体格中等，体型呈长方形，四肢健壮结实，结构匀称。它是中国优良的地方种质资源，属肉绒兼用型品种，具有繁殖率高、肉质好、耐粗饲、抗病适应性强等特性。肉色鲜红，肉质细致，膻味小，肉鲜味美（图2-43）。

图2-43 莱芜黑山羊

19. 雷州山羊

雷州山羊是广东省以产肉、板皮而著称的地方山羊品种，原产于雷州半岛一带，因此而得名。雷州山羊分为高脚种与矮脚种两个类型。高脚种是一种大骨羊，体型较高，腹小，乳房不够发达，多产单头。矮脚种是一种细骨羊，体型较矮，腹大，乳房较发达，生长快，多产双羔。不择食，采食较为安定，是目前山羊饲养的一种主要类型（赵有璋，2010）。雷州山羊成熟早、生长发育快、肉质和板皮品质好、繁殖率高，是我国热带地区的优良山羊品种（图2-44）。

图2-44 雷州山羊

图 2-45　龙陵黄山羊

图 2-46　隆林山羊

图 2-47　罗平黄山羊

20. 龙陵黄山羊

龙陵黄山羊是云南省保山市龙陵县特有品种。毛色呈黄褐色或褐色。公羊额上有黑色长毛，颌下有髯，从枕部至尾部有一黑色背线，肩胛至胸前有一圈黑色项带与背线相交呈"十"字型（俗称"领褂"），母羊无"领褂"。龙陵黄山羊羊肉香味浓郁，其肉质细嫩多汁、膻味小、食用时味香而不腻口、汤色乳白色、营养丰富（图 2-45）。

21. 隆林山羊

隆林山羊是广西壮族自治区百色市隆林各族自治县特有品种。成年羊体型硕大，体质结实匀称，体躯似长方形，背腰平直，肋骨开张，后躯稍高，头大小适中；隆林山羊毛色有纯白色、纯黑色、黑白花、麻黄及褐色等，以黑色为主。该羊肉质细嫩而有弹性，颜色鲜艳，结缔组织少，脂肪坚实、色白，背部脂肪分布均匀。其味鲜美，膻、腥味小（图 2-46）。

22. 罗平黄山羊

罗平黄山羊是云南省曲靖市罗平县特有品种。体型较大，结构匀称，体质结实，近似于桶状；体躯被毛 80% 以上为浅黄色；头中等大小，额宽平，眼大有神，鼻梁平直，耳中等大小，稍向前向上外倾，角粗呈倒八字微向外旋。鲜羊肉呈鲜红色，有其自身特有的膻味，膻香而不臭，皮薄而少脂肪，易熟化。肉质鲜香可口，营养丰富（图 2-47）。

23. 吕梁黑山羊

吕梁黑山羊产于山西晋西黄土高原一带。眼大有神，耳薄灵活，公、母羊均有角，体质结实，体格中等，体躯结构匀称，整个体躯呈长方形，被毛以黑色为主，分两层，外层为长粗毛。该品种喜攀岩、耐粗饲、采食性强、性情温顺、抗病力强（图2-48）。

图 2-48 吕梁黑山羊

24. 麻城黑山羊

麻城黑山羊的中心产区为湖北省麻城市。其体质结实、结构匀称。全身被毛黑色，毛短贴身，有光泽。黑山羊体型高大、遗传性能稳定、具有生长发育快、育肥性能好、屠宰率和净肉率高、肉质好、膻味轻、耐粗饲、适应性强等优点，为肉皮兼用型品种（图2-49）。

图 2-49 麻城黑山羊

25. 马关无角山羊

马关无角山羊的中心产区为云南省文山州马关县。它是一个优良地方山羊品种，头短额宽、部分有角、角有后伸、外排和直立3种。具有繁殖率高、性成熟早、个体大、生长快、易肥育、肉质细嫩、膻味小、性情温顺和抗逆性强、采食固定、易管理等独特性能，肉中粗蛋白含量较高，脂肪含量较低。特别是在无角、多胎性和肉质方面，是山羊珍稀品种资源（图2-50）。

图 2-50 马关无角山羊

图 2-51　马头山羊

图 2-52　美姑山羊

图 2-53　弥勒红骨山羊

26. 马头山羊

马头山羊是湖北省、湖南省肉皮兼用的地方优良品种之一。公羊、母羊均无角，头似马形，性情迟钝，大小中等。体形呈长方形，结构匀称。四肢坚强有力，行走时步态如马，频频点头。毛被白色为主，有少量黑色和麻色。马头山羊抗病力强、适应性广、合群性强，易于管理，丘陵山地、河滩湖坡、农家庭院、草地均可放牧饲养，也适于圈养，在我国南方各省均适宜养殖（图 2-51）。

27. 美姑山羊

美姑山羊是四川省凉山彝族自治州美姑县特有品种。被毛以黑色和黑白花色为主，头部中等大，两耳短侧立，额较宽，鼻梁平直。该山羊类群耐粗饲、生产性能明显高于本地山羊、繁殖率高。美姑山羊肉中粗蛋白含量在20%以上，此外富含17种氨基酸，氨基酸的总量高达22%（图 2-52）。

28. 弥勒红骨山羊

弥勒红骨山羊分布于云南省弥勒市东山镇等自然村，简称红骨羊，是肉乳兼用型山羊品种。其体型结实，毛色呈黄褐或黑褐色，适应性、抗病性强。其肉质细嫩、味香可口、膻味较弱，为肉乳兼用型山羊品种（图 2-53）（袁海毅，2017）。

29. 闽东山羊

闽东山羊是福建省宁德市特有的畜禽类物种。头略呈三角形，耳平直，弓形角，成年羊髯较长；体表被毛较短，有光泽，尾短而上翘；成年公羊和部分成年母羊前躯下部至腕关节以上及后躯下部至跗关节以上部位有长毛。闽东山羊具有适应性强、体质结实、肉质好等特点（图2-54）。

图 2-54　闽东山羊

30. 黔北麻羊

黔北麻羊是贵州省遵义市特有品种。其被毛为褐色，有浅褐色和深褐色两种，体格较大，体质结实。头呈三角形，角呈褐色、倒镰刀形。黔北麻羊对自然生态有良好的适应性，遗传性能稳定，抗逆性强、合群性好、耐粗饲、抗病力强、性情温顺。该羊膻味轻，肉质鲜嫩。羊板皮质地致密，伤残少，油性足，富有弹性（图2-55）（赵有璋，2010）。

图 2-55　黔北麻羊

31. 陕南白山羊

陕南白山羊分布于汉江两岸的安康、紫阳、旬阳、白河、西乡、镇巴、平利、洛南、山阳、镇安等县。羊头大小适中，颈短而宽厚，毛被以白色为主，少数为黑、褐或杂色。陕南白山羊分短毛和长毛两个类型，短毛型又分为有角和无角两个类型。其具有良好的产肉性能，短毛型毛稀、早熟、易肥，长毛型性好斗（图2-56）。

图 2-56　陕南白山羊

图 2-57　尧山白山羊

图 2-58　沂蒙黑山羊

图 2-59　宜昌白山羊

32. 尧山白山羊

尧山白山羊是中国地方优良品种，主产区是河南省鲁山县的四棵树乡中国地方优良品种。与其他山羊品种相比，具有个体大、四肢粗壮的特点，当地群众俗称"鲁山牛腿山羊"。其被毛呈白色，体质结实，公、母羊都有角，以倒八旋形为主，颈短而粗，尾锥形，短小。具有板皮性能好、泌乳力强、采食能力强、体质健壮、适应性强等优点（图 2-57）。

33. 沂蒙黑山羊

沂蒙黑山羊是山东省地方优良品种，属肉、绒、毛、皮兼用型。身躯高大，结构匀称，头短额宽，眼大有神，颌下有髯，多数有角，被毛有黑色、青灰色、棕红色。沂蒙黑山羊肉质细嫩、色泽鲜红、味道鲜美、膻味小，是理想的高蛋白质、低脂肪营养保健食品。另外其绒质量高、光泽好、强度大、手感柔软（图 2-58）（王岳等，2014）。

34. 宜昌白山羊

宜昌白山羊是湖北省宜昌市特有品种。体质细致紧凑，被毛白色，毛短贴身，绒毛少，种公羊被毛较长。头大小适中，颌下有髯，耳中等大小，耳背平直，竖耳。该品种羊肉品质优，营养价值较高。宜昌白山羊板皮呈杏黄色，厚薄均匀，致密，弹性好，拉力强，油性足，具有坚韧、柔软等特点，为鞣制革皮的原料（图 2-59）。

35. 渝东黑山羊

渝东黑山羊分布于重庆市武隆区以及周边的黔江区、彭水县、西阳县和贵州省少数区县。属肉皮兼用地方优良山羊品种。全身被毛黑色，头呈三角形，两耳直立向上，多数公、母羊有角和胡须。具有屠宰率高、适应性强、耐粗饲、易管理、繁殖力较强、配合力好、生长发育较快等优良特征，其独有的特性和优良的品质，极具开发利用价值（图2-60）。

图 2-60 渝东黑山羊

36. 云岭山羊

云岭山羊曾用名云岭黑山羊，主产于云南境内云岭山系及其余脉的哀牢山、无量山和乌蒙山延伸地区，属肉皮兼用型山羊。云岭山羊被毛黑亮，毛色统一，具有优良的经济性状和早期肥育性好的特点。其优点是耐粗饲、耐旱耐贫瘠、适应性和抗病力强、善于攀高采食（图2-61）。

图 2-61 云岭山羊

37. 长江三角洲白山羊

长江三角洲白山羊是皮、肉、毛兼优的江苏地方山羊品种，主产区集中在海门、启东、崇明一带，故习惯上称为"海门山羊"。体格中等偏小，头呈三角形，面微凹。公、母羊均有角，全身毛被短而直，富光泽，绒毛少。长江三角洲白山羊毛洁白，挺直有峰，具有光泽，弹性好，是制作毛笔的优良原料。其羊皮张小，皮质致密、柔韧，富光泽，弹性好（图2-62）。

图 2-62 长江三角洲白山羊

图 2-63 昭通山羊

图 2-64 威信白山羊

38. 昭通山羊

昭通山羊主要分布在云南昭通地区海拔 1300 ~ 2500 m 地带，属肉皮兼用型地方山羊品种。昭通山羊头颈长短适中，大多数颈下有肉垂，鬐甲稍高，体型结构匀称，尾短而稍扁，四肢健壮。其繁殖率、屠宰率高，肉质好、耐粗饲、抗病力强、能适应高原山区气候条件。（图 2-63）（陈韬等，1998）。

39. 威信白山羊

威信白山羊主产于云南省昭通市威信县，为肉皮毛兼用型地方山羊品种。其骨架中等，体质结实，头中等大小，颌下有长须。威信白山羊抗逆性强、行动灵活、全年放牧或季节性放牧，善于攀食山地灌木枝叶嫩芽、耐粗饲。早期育肥效果好、可生产肥羔肉，肉质鲜嫩，膻味小（图 2-64）（覃兴合等，2009）。

第二节　引入优良肉羊品种资源

一、引入肉用型绵羊品种

1. 夏洛莱羊

夏洛莱羊产于法国中部的夏洛莱地区，是以英国莱斯特羊、南丘羊为父本与夏洛莱地区的细毛羊杂交培育成的。被毛白色，公、母羊均无角，两耳灵活会动，性情活泼，额宽、眼眶距离大、耳大、颈短粗、肩宽平、胸宽而深，肋部拱圆，背部肌肉发达，体躯呈圆桶状，后躯宽大。该品种具有早熟，耐粗饲，采食能力强，肥育性能好等特点（图2-65）。

2. 杜泊羊

杜泊羊原产地为南非。根据其头颈的颜色，分为白头杜泊和黑头杜泊两种。头顶部平直、长度适中，额宽，鼻梁微隆，无角或有小角根，耳小而平直，既不短也不过宽。杜泊绵羊分长毛型和短毛型两个品系，具有较强的抗逆性、繁殖期长、不受季节限制。其以产肥羔肉特别见长，胴体肉质细嫩、多汁、色鲜、瘦肉率高，被国际誉为"钻石级肉"（图2-66）。

3. 白头萨福克羊

白头萨福克羊是基于在黑头萨福克羊的基础上经过精心培育而得到的肉毛兼用良种，其生产性能方面保留了原黑头萨福克羊体型大、生长发育快、产肉性能好的特点。该品种体格大，颈长而粗，胸宽而深，背腰平直，后躯发育丰满，呈桶形，公、母羊均无角。具有早熟、生长快、肉质好、繁殖率很高、适应性很强等特点（图2-67）（赵有璋，2010）。

图2-65 夏洛莱羊

图2-66 杜泊羊

图2-67 白头萨福克羊

图 2-68　南非肉用美利奴羊

图 2-69　德国肉用美利奴羊

图 2-70　澳洲白羊

4. 南非肉用美利奴羊

南非肉用美利奴羊原产于南非，现分布于澳大利亚、新西兰和美洲一些国家。该品种公、母羊无角，体大宽深，胸部开阔，臀部宽广，腿粗壮坚实，是具有早熟、毛质优良、胴体产量高和繁殖力强等特点的新型肉毛兼用品种（图2-68）。

5. 德国肉用美利奴羊

德国肉用美利奴羊原产于德国。体格大，体质结实，结构匀称，头颈结合良好，胸宽而深，背腰平直，臀部宽广，肥肉丰满，四肢坚实，体躯长而深。除了具有个体大、产肉多、肉质好优点，还具有毛产量高、毛质好的特性，是肉毛兼用最优秀的父本（图2-69）。

6. 澳洲白羊

澳洲白羊是澳大利亚第一个利用现代基因测定手段培育的品种。头略短小，软质型，鼻宽，鼻孔大；皮肤及其附属物色素沉积；体高，躯深呈长筒形、腰背平直；皮厚、被毛为粗毛粗发。特点是体型大、生长快、成熟早、全年发情，有很好的自动脱毛能力，可作为终端父本，赋予杂交后代良好的体格、体重和生长速率（图2-70）。

7. 萨福克羊

萨福克羊原产于英国英格兰东南部的萨福克、诺福克、剑桥和艾塞克斯等地。躯体短而宽，耳大，公、母羊均无角，颈长、深且宽厚，胸宽，背、腰和臀部长宽而平。体躯主要部位被毛白色，头和四肢为黑色，并且无羊毛覆盖。具有早熟、生长快、肉质好、繁殖率很高、适应性很强等特性（图2-71）。

图 2-71　萨福克羊

8. 无角陶赛特羊

无角陶赛特羊原产于大洋洲的澳大利亚和新西兰。公、母羊均无角，体质结实，头短而宽，颈粗短，体躯长，胸宽深，背腰平直，体躯呈圆桶形，四肢粗短，后躯发育良好，全身被毛白色。具有生长发育快、早熟、全年发情配种产羔、耐热性及适应干燥气候性能好等特点（图2-72）（麦麦提·吐尔逊，2014）。

图 2-72　无角陶赛特羊

9. 南丘羊

南丘羊因原产于英格兰东南部丘陵地区而得名，原名叫丘陵羊。其嘴、唇、鼻端为黑色，体格中等，公、母羊均无角。体呈圆形，颈短而粗，背平体宽，肌肉丰满，腿短。南丘羊适于丘陵山地放牧，利用饲料能力很强，性情温驯，是适于集约化管理的理想羊种，具有多胎性，早熟性，羔羊易育肥，肉质嫩等特点（图2-73）。

图 2-73　南丘羊

图 2-74　特克塞尔羊

图 2-75　努比亚山羊

图 2-76　波尔山羊

10. 特克塞尔羊

特克塞尔羊是由林肯羊、长毛莱斯特羊与当地老特克赛尔羊杂交而成的羊品种。原产于荷兰特克赛尔岛。头部与四肢无绒毛，蹄色为黑色。特克塞尔羊头大小适中，公、母羊均无角，耳短，鼻部黑色。特克塞尔羊性情温顺，易于管理，适应于放牧或舍饲，该品种产羔率一般但胴体产量很高（图 2-74；赵有璋，2010）。

二、引入肉用型山羊品种

1. 努比亚山羊

努比亚山羊是我国目前生长速度最快和体型最大的山羊品种，原种毛色较杂，但以棕色、暗红为多见，被毛细短、富有光泽，头较小，额部和鼻梁隆起呈明显的三角形，俗称"兔鼻"，两耳宽大而长且下垂至下颌部。努比亚山羊产肉率高、适应性强、肉质细嫩、膻味低、风味独特，被广大消费者所喜爱（图 2-75）。

2. 波尔山羊

波尔山羊原产于南非，被称为世界"肉用山羊之王"。毛色为白色，头颈为红褐色，并在颈部存有一条红色毛带。具有体型大，生长快，繁殖力强，产羔多；屠宰率高，产肉多；肉质细嫩，适口性好；耐粗饲，适应性强；抗病力强和遗传性稳定等特点（图 2-76）。

第三节 中国培育优良肉羊品种资源

1. 内蒙古细毛羊

内蒙古细毛羊是内蒙古毛肉兼用细毛羊,产地在内蒙古自治区锡林郭勒盟的典型草原地带,由美利奴羊、高加索羊、新疆细毛羊等与蒙古母羊杂交育成的。体质结实,结构匀称,体躯皮肤宽松无褶。其耐粗饲,抗寒耐热、抗灾、抗病能力强(图2-77)。

图 2-77 内蒙古细毛羊

2. 新疆细毛羊

新疆细毛羊是新疆毛肉兼用型羊。体型较大,公羊大多有螺旋形大角,母羊无角,胸部宽深,背腰平直,体躯长深无皱,后躯丰满,肢势端正,被毛白色。该品种适于干燥寒冷高原地区饲养,具有采食性好,生命力强,耐粗饲等特点,已推广至全国各地(图2-78;赵有璋,2010)。

图 2-78 新疆细毛羊

3. 东北细毛羊

东北细毛羊主要分布于东北三省西北部平原和部分丘陵地带。体质结实,结构匀称。公羊有螺旋形角,母羊无角,公羊颈部有1~2个横皱褶,母羊有发达的纵皱褶。被毛密,弯曲正常。该品种遗传性稳定、耐粗饲、采食能力很强、抗寒、耐热、抗病、适应性强、生产性能比较高(图2-79)。

图 2-79 东北细毛羊

41

图 2-80　敖汉细毛羊

图 2-81　云南半细毛羊

图 2-82　昭乌达肉羊

4. 敖汉细毛羊

敖汉细毛羊主要分布于内蒙古赤峰市一带。多数羊的颈部有纵皱褶，少数羊的颈部有横皱褶。公羊体大，鼻梁微隆，大多数有螺旋形角。母羊一般无角，或有不发达的小角。具有适应能力强，抗病力强等特点，适于干旱沙漠地区饲养，是较好的毛肉兼用细毛羊品种（图2-80）。

5. 云南半细毛羊

云南半细毛羊主产区为云南省的昭通地区。身体中等大小，羊毛覆盖至两眼连线，背腰平直，肋骨开张良好，四肢短，羊毛覆盖至飞节以上。该羊属于毛肉兼用型羊，性成熟早，繁殖性能良好，遗传性能稳定，适应性强。其优点是产肉性能和产毛性能优良（图2-81）。

6. 昭乌达肉羊

昭乌达肉羊是内蒙古赤峰市特有品种。无角，体格较大，体质结实，结构匀称，呈圆桶形，具有早熟性。该品种抗逆性和适应性强、生长发育速度快、繁殖率较高、产毛性能及羊毛品质较好、繁殖性能强（图2-82）。

7. 巴美肉羊

巴美肉羊是以当地细杂羊为母本，德国肉用美利奴羊为父本培育而成的肉毛兼用品种。该品种体格较大，无角，体质结实，结构匀称，呈圆桶形。被毛同质白色，闭合良好，密度适中，细度均匀。具有适合舍饲圈养、耐粗饲、抗逆性强、适应性好、羔羊育肥增重快、性成熟早等特点（图2-83）。

图 2-83　巴美肉羊

8. 凉山半细毛羊

凉山半细毛羊是四川省凉山彝族自治州特有品种。其体质结实，结构匀称，体格大小中等。公母羊均无角，体躯呈圆筒形。羊毛弯曲呈大波浪形，羊毛光泽强，匀度好。该品种屠宰率高且鲜肉色泽纯正，具有清香味，熟肉肉质细嫩鲜美，肉汤香味浓郁，风味独特。（图2-84）。

图 2-84　凉山半细毛羊

9. 象雄半细毛羊

象雄半细毛羊是西藏自治区阿里地区特有品种。该羊外观结构坚实，体躯呈圆筒形，前肢毛至关节，后肢毛至飞结。全身被毛白色，毛丛结构良好，弯曲一致，公羊大多有螺旋形大角。具有耐粗放、适应性强、肉产量高、羊毛产量高、奶产量高、泌乳期长、饲养周期短等优点（图2-85）。

图 2-85　象雄半细毛羊

图 2-86　鲁西黑头羊

图 2-87　青海高原毛肉兼用半细毛羊

图 2-88　鄂尔多斯细毛羊

10. 鲁西黑头羊

鲁西黑头羊是山东省聊城市阳谷县的特有品种。该品种头颈部被毛黑色，体躯被毛白色。耳大稍下垂，体躯呈桶状结构，公、母羊均无角，瘦尾。其生长速度快、繁殖率高、产肉性能好、肉质细嫩、营养丰富，具有良好的适应性、耐粗饲、抗病力强等特点。（图 2-86）。

11. 青海高原毛肉兼用半细毛羊

青海高原半细毛羊产于青海省海南藏族自治州、海北藏族自治州等地，是我国肉质最好的绵羊品种之一。该品种系采用复杂杂交方式育成，根据含罗姆尼羊血液的多少，分为罗茨新藏和茨新藏两个类型。两者比较，罗茨新藏型头稍宽短，体躯粗深，四肢稍矮，公、母羊都无角；茨新藏型虽含有 1/4 罗姆尼羊血液，但体型外貌近似茨盖羊，体躯较长，四肢较高。其对严酷的高寒环境条件具有良好的适应性，对饲养管理条件的改善反应明显（图 2-87）。

12. 鄂尔多斯细毛羊

鄂尔多斯细毛羊是内蒙古自治区鄂尔多斯市乌审旗特有品种。体质结实，结构匀称，公、母羊均无角，全身被毛呈白色。被毛闭合性良好，密度大，腹毛着生良好，呈毛丛结构，无环状弯曲，羊毛综合品质优良。其适应性很强，具有耐旱、耐粗饲，抗逆性强等特点（图 2-88）。

13. 戈壁短尾羊

戈壁短尾羊是从苏尼特羊（亦称戈壁蒙古羊）品种中选育产生的短尾品种，是适应于内蒙古戈壁地区半荒漠化草原生态环境的短脂尾型肉用绵羊新品种。戈壁短尾羊尾巴小，尾重仅为1 kg左右。其生长发育快、生产性能高、肉质优良、适应性强、遗传性稳定（图2-89）。

图 2-89 戈壁短尾羊

14. 鲁中肉羊

鲁中肉羊是济南打造"中国北方种业之都"的一项新成就，以杜泊羊为父本，湖羊作母本开展杂交。鲁中肉羊全身被毛白色，耳大稍下垂，颈背部结合良好。胸宽深、背腰平直、后躯丰满、四肢粗壮，蹄质坚实，体型呈桶状结构。公、母羊均无角，瘦尾。该品种表现出良好的适应性、羔羊生长发育表现良好，并具有耐粗饲、抗病、适合集约化舍饲圈养等特点（图2-90）。

图 2-90 鲁中肉羊

15. 黄淮肉羊

黄淮肉羊是河南省培育的首个肉羊新品种，以小尾寒羊和寒杂羊为母本，杜泊羊为父本培育而成的多胎肉用新品种。该品种体格较大，繁殖率高，生长发育速度快，耐粗饲、秸秆资源利用率高，是适合黄淮平原地区自然资源和气候环境的工厂化饲养肉羊品种（图2-91）。

图 2-91 黄淮肉羊

图 2-92　南江黄羊

图 2-93　简州大耳羊

图 2-94　云上黑山羊

16. 南江黄羊

南江黄羊是四川省南江县特有品种。被毛黄色，毛短而富有光泽，面部毛色黄黑，鼻梁两侧有一对称的浅色条纹，公羊颈部及前胸着生黑黄色粗长被毛，自枕部沿背脊有一条黑色毛带，十字部后渐浅。南江黄羊是中国肉用性能最好的山羊新品种，以其生长发育快、产肉性能好、繁殖能力强、板皮品质优、适应范围广、改良效果佳的独特优势而闻名，享有"中国第一山羊"之美誉（图 2-92）。

17. 简州大耳羊

简州大耳羊是四川省资阳市简阳市的特有品种，是由欧美的努比山羊与简阳本地山羊杂交培育形成的肉用山羊新品种。其耳大下垂，体格高大，具有生长速度快、产肉性能优良、繁殖性能高、遗传性能稳定、耐粗饲、适应中国南方亚热带气候条件等优势（图 2-93）。

18. 云上黑山羊

云上黑山羊是云南省自主培育的第二个国家审定的羊新品种，中国第一个肉用黑山羊新品种、第三个肉用山羊新品种。被毛全黑、个体大，具有长得快、生的多、活的多、适应性强、耐粗饲等优点，产肉多且肉质细嫩多汁、氨基酸种类丰富、蛋白质含量高、胆固醇含量低（图 2-94）。

参考文献

边仕育，木乃尔什，马庆，等，2006. 建昌黑山羊生产性能测定 [J]. 中国草食动物 (1)：2.

陈韬，葛长荣，范江平，等，1998. 昭通山羊产肉性能及肉质特性 [J]. 草食家畜 (2)：4.

畜禽遗传资源志，2016-04-12. [2023-08-24]. 鲁中山地绵羊 [EB/OL]. http://pzzy.zxqcd.cn/art/2016/4/12/art_8121_139178.html.

高志英，桂峰，马奔，等，2010. 巴尔楚克羊品种资源调查 [J]. 草食家畜 (2)：33-34.

国家肉羊产业技术体系，2010-06-07. [2023-08-24]. 陕南白山羊 [EB/OL]. http://cars.hzau.edu.cn/sheep/index.php?option=com_content&task=view&id=138&Itemid=38.

国家肉羊产业技术体系，2010-06-07. [2023-08-24]. 长江三角洲白山羊 [EB/OL]. http://cars.hzau.edu.cn/sheep/index.php?option=com_content&task=view&id=141&Itemid=38.

河南省市场监督管理局，2020. 黄淮肉羊：DB41/T 2012-2020 [S].

黄正泽，张家霖，1997. 北川白山羊品种简介 [J]. 四川草原 (1)：58-59.

雷芬，唐晓辉，张国洪，等，2006. 成都麻羊的发展与研究 [J]. 草业与畜牧 (12)：44-45.

李彦屏，张春利，李文章，等，2005. 凤庆无角黑山羊种质资源调查报告 [J]. 临沧科技 (1)：3.

刘相莹，王利平，熊和丽，等，2017. 兰坪乌骨绵羊乌质性状的研究进展 [J]. 黑龙江畜牧兽医 (8)：5.

马章全，胡佐，1989. 同羊肉脂品质的分析 [J]. 中国畜牧杂志，25(5)：3.

麦麦提·吐尔逊，2014. 无角陶赛特羊的品种简介 [J]. 新疆畜牧业 (5)：61.

农业部农产品质量安全监管局，2012-08-03. [2023-08-24]. 中华人民共和国农业部公告第1813 号 [EB/OL]. http://www.jgs.moa.gov.cn/gzdt/jgjdt/201208/t20120823_6295974.htm.

全国农产品地理标志查询系统．黔北麻羊 [EB/OL]. http://www.anluyun.com/Home/Product/27292.

莎丽娜，靳烨，席棋乐木格，等，2008. 苏尼特羊肉食用品质的研究 [J]. 内蒙古农业大学学报：自然科学版，29(1)：4.

史保洲，马文秀，1985. 广灵大尾羊及其饲养管理 [J]. 山西农业科学 (6)：25-27.

孙双印，任崇尚，1997. 鲁西小尾寒羊繁殖和饲养要点 [J]. 农牧产品开发 (9)：37-38.

覃兴合，王宗纯，张孟贵，等，2009. 威信白山羊遗传资源调查报告 [J]. 云南畜牧兽医 (6)：17-19.

吐尔逊·司马义，热西旦·帕塔尔，包尔汗，等，2010. 罗布羊遗传资源调查报告 [J]. 草食家畜 (2)：31-32.

王卫林，韩向敏，权凯，2018. 豫西脂尾羊屠宰性能及肉质分析 [J]. 甘肃农业大学学报，53(2)：6.

王岳，徐立霞，房玉波，2014. 山东优良地方畜种：沂蒙黑山羊 [J]. 农业知识 (33)：6-9.

徐立德, 1984. 雷州山羊的调查 [J]. 广东农业科学 (6)：38–40.

杨国强, 2009. 兰坪乌骨绵羊的品种特征与利用 [J]. 中国畜牧业 (20)：36–37.

袁海毅, 2017. 弥勒红骨山羊量少价高 [J]. 致富天地 (5)：2.

张廷灿, 2015. 大足黑山羊种质特性分析 [J]. 中国畜禽种业, 11(8)：98.

张秀海, 赵芬, 2013. 鲁中山地绵羊品种介绍 [J]. 科学种养 (12)：53–54.

张玉珍, 马忠涛, 郭淑珍, 等, 2014. 欧拉羊种羊选育技术研究 [J]. 畜牧与兽医, 46(1)：54–56.

赵有璋, 2010. 羊生产学 [M]. 北京：中国农业出版社.

中国农产品质量安全网, 2016-05-11. [2023-08-24]. 农产品地理标志公告第 1925 号 产品质量控制技术规范 [EB/OL].http://www.aqsc.agri.cn/ncpdlbz/gggs/201605/t20160511_184487.htm.

第三章

福利养殖对肉品质的影响

随着国民生活水平的提高，人们对于肉制品的种类需求越来越多，羊肉就可以作为一个需求量逐步攀升的典型例子。在品尝方面，羊肉具有肉质细嫩，味道鲜美的特点；在营养方面，羊肉所含的胆固醇和热量较低，具有较高含量的蛋白质，富含人体所需的氨基酸和微量元素。羊肉需求提升的同时人们对于羊肉品质的关注度也在不断增加。消费者主要关注肉色、肉的质地、适口性等，此外，系水力、pH 值也是重要的肉品质指标。羊肉品质受很多因素的影响，比如环境、饲料营养、饲养方式、屠宰加工以及运输等。因而，开展肉羊福利养殖，有助于在以上所述的方面进行科学的管理，进而提高羊肉品质。

第一节　环境对羊肉品质的影响

肉的品质可通过肉色、pH 值、系水力和嫩度等客观性状反映。肉色是最直接的感官品质，肉色的变化来源于肌红蛋白的氧化状态，L* 值（代表肉的亮度）越大表示肉的颜色越白（侯艳茹等，2021）。研究发现放牧饲养的苏尼特羊背最长肌的 L* 值显著低于舍饲，说明放牧饲养能改善肌肉色泽（王威皓等，1985）。pH 值是肉质形成的核心指标，不仅可反映肌肉的酸碱度，更是反映动物宰后糖原酵解进程的重要标志（陈中卫等，2021）。另外，研究发现放牧饲养的苏尼特羊背最长肌 pH 显著高于舍饲，说明放牧饲养降低了肌肉中糖原积累和糖酵解速率，宰后成熟的速度更慢（侯艳茹等，2021）。蒸煮损失率反映烹饪过程中肌肉组织维持水分的能力，与肉质的产量和风味有关，蒸煮损失率低可使肌肉保持较好的嫩度和营养（胡猛等，2013）。放牧饲养的苏尼特羊肉的蒸煮损失率显著低于舍饲，说明放牧获得的羊肉具有更好的保水性。同时其剪切力值低于舍饲，也说明放牧的苏尼特羊肉嫩度更好，分析原因可能是舍饲肉羊运动量较少且日粮精料比例较高，所吸收的营养物质主要用于脂肪沉积和体重增加，导致其肌纤维变粗，嫩度下降（Martinez，2005）。与上述研究不同的是在农舍饲养的羔羊肌肉系水力相较于在农田饲养的羔羊，有一定的增加趋势，肌肉嫩度、肌内脂肪含量、眼肌面积以及肌肉粗蛋白的含量也得到了提高，这使得羊肉的风味和多汁性明显更好（钱勇等，2015；吴铁梅，2013）。

总的来说，集约化生产可以提高生产效率，扩增生产规模，获得巨大的产量，但是往往也会带来一系列的问题，对动物产品质量带来一些负面影响。主要原因是集约化养殖往往会追求饲养空间的高密度化，但是如果密度过高则会造成饲养环境中不良气体的富集，增加畜禽在其中受到应激的概率。研究指出，采用 1.4 m^2/ 只的饲养密度进行饲养，育肥羊的屠宰性能和肉品质很好，若采用 0.35 m^2/ 只的饲养密度饲养育肥羊，其产肉性能和肉品质则较差（吴荷群等，2014）。

此外，肉品质还受到很多其他的环境因素影响，比如辐照、光照以及高压等。有试验结果表明对羊肉施以不同的辐照剂量后，包装贮藏在 4℃ 的环境下，羊肉的 L* 值会增加，a* 值（代表肉的红度）和 b* 值（代表肉的黄度）则会降低（Millar 等，2000）。光照对于肉品质也有着非常重要的作用。过度的光照会使得羊肉更容易腐败变质，这也一定程度缩短了羊肉的货架期。在肉品的生鲜处理中，超高压技术是一门使用非常广泛的技术，可以一定程度起到杀菌作用，延长肉品的保质期，改善肉的风味（陆红佳等，2010）。还有研究人员发现，超高压技术可以显著降低羊肉的剪切力，促进羊肉的嫩化过程，这也就保证了羊肉的嫩度（白艳红等，2004）。

第二节　饲料营养对羊肉品质的影响

一、饲料能量水平对羊肉品质的影响

在育肥羊的饲养过程中，日粮的能量水平对于提高其屠宰性能及肉品质有着非常关键的作用。日粮能量不能一味提高，适当的提高可以提升羊肉的肉质与口感，一旦过度摄入就会阻碍肌肉内蛋白的沉积，没有被调动利用的能量和脂肪就会沉积在肌肉中，造成瘦肉率降低。有研究发现，日粮的能量水平与羊肉的系水力、pH 值、肌间脂肪以及剪切力有着一定的相关性（宋杰，2010）。Lopes 等（2014）研究发现自由采食的山羊与限饲 75% 以及限饲 50%

的山羊相比，机体内脂肪酸的分布更合理，油酸、不饱和脂肪酸以及共轭亚油酸的含量更高。

二、饲料蛋白质水平对羊肉品质的影响

在饲喂羔羊的日粮中提高粗蛋白含量可以显著提高其眼肌面积以及瘦肉率。使用羊草代替苜蓿来饲喂滩羊，会促进其机体内蛋白质的分布与周转，进而提高肉品质（马琴琴，2015）。在保证一定能量水平的情况下，饲喂19.5% 蛋白质水平的日粮可以有效提高西农萨能羊公羔的肥育性能，促进其生长。此外，这些公羔羊血液中蛋白质、总胆固醇的含量增加，尿素氮的含量下降，这在一定程度上提高了羊肉的品质（孙爽等，2013）。不过需要注意的是，使蛋白质水平保持在一个合适的范围才能较好地使其发挥提升肉品质的作用。有研究人员发现饲喂 15% 蛋白质水平日粮的羔羊，屠宰率和净肉率分别是 52.74% 和 77.01%，各项指标均优于饲喂 17% 以及 13% 蛋白质水平日粮的羔羊（冯涛等，2005）。

三、饲料脂肪水平对羊肉品质的影响

饲料中过高的脂肪水平会促进肝脏脂肪的沉积。有研究显示，选用100 g/kg 干物质水平的岩蔷薇进行饲喂，其中补饲亚麻籽油：大豆油（2:1）可以促进羔羊育肥，可以有效提高羊肉中 n–3 多不饱和脂肪酸含量，对于已经储存 7 d 的肉品，有着非常好的稳定作用（Francisco 等，2015）。

四、饲料中维生素及添加剂水平对羊肉品质的影响

维生素 E 作为一种抗氧化剂，可以阻断脂肪氧化的链式反应，以此阻碍肌肉组织中脂肪的氧化。补饲维生素 E 的羊所产羊肉呈现出低脂质氧化以及蛋白质羟基化的特点，具有比较优秀的感官评分（Muino 等，2014）。在针对波尔山羊的研究中发现，随着维生素 E 含量的补充，其肌肉熟肉率存在升高的趋势。此外，如果饲料中每天能够补饲 320 mg 的维生素 E 就可以显著降低波尔山羊肌肉中的饱和脂肪酸以及与膻味相关的短链脂肪酸和硬脂酸的含量，而亚麻酸和油酸含量反而会有所提高（罗海玲等，2010）。另一种有益于羊肉品质的维生素则是维生素 D_3。有研究发现，在控制维生素 D_3 的量使其不影响羊正常健康状况和生产性能的前提下，补充适当含量的维生素 D_3 可以有效提高羊肉品质，在提高羊肉嫩度方面具有潜在的调控作用（董文娟等，

2006）。

饲料中不但可以添加羊本身需要的营养物质，还能够补充一定的添加剂来提高羊的生产性能。有研究人员合成了一种含有 3 种中草药的添加剂，在补充到饲料后，发现绵羊背最长肌的脂肪含量、肌纤维密度以及鲜味物质肌苷酸的含量都有着或多或少的提高，而对于与嫩度相关的肌纤维直径则有一定程度下降，这使得绵羊肉的嫩度、多汁性以及风味都得到了保证（罗燕等，2014）。此外，也有研究发现在饲料中添加具有抗氧化性能的牛至油能够有效延缓脂质过氧化的进程（Simitzis 等，2007）。

第三节 饲养方式对羊肉品质的影响

近些年，为了保护天然草地和生态环境，我国在一些地区实行了退牧还草政策，使绵羊养殖从天然放牧逐渐向舍饲饲养方式转变。研究表明，放牧和舍饲 2 种不同饲养方式下绵羊肉质特性差异显著（Ekiz，2013）。

一、放牧养殖的优势

不同的饲养方式，对羊只的产肉性能以及羊肉的嫩度、风味、脂肪含量及脂肪酸组成等有重大影响。于小杰等（2021）研究发现放牧小尾寒羊与舍饲小尾寒羊采食不同，运动量大小不同，造成了羊肉中粗蛋白、粗脂肪、水分和干物质的差异。放牧组小尾寒羊肉中粗蛋白含量较高，说明放牧组的羊机体将氨基酸合成蛋白质的能力较强，同时放牧组的羊运动量较大，能促进食物摄入，有助于蛋白质进一步合成。同时，孟梅娟等（2015）研究发现放牧组羊肉水分含量较高，干物质含量低。适当的脂肪含量有助于改善羊肉的口感（金亚东，2021），目前脂肪含量低的羊肉更符合部分消费者的需求，因为脂肪含量较高可能会引发肥胖。研究发现舍饲羊肉脂肪含量较高，可能与舍饲羔羊运动场地有限，不需要长距离觅食，有助于脂肪的储存积累有关。所以，如果消费者以蛋白质为主要营养需求则可以选择放牧羊肉，而以脂肪为主要营养需求则可以选择舍饲羊肉。

研究指出牧草饲养的羊肉更嫩，共轭亚油酸（toniugated linoleic acid，CLA）含量和 n-3 脂肪酸含量更高（Sensky，2010）；以天然青干草为饲料的羊肉中胆固醇含量显著降低 21.10%，亚油酸含量显著提高 57.14%（Ertbjerg，2010）。放牧组羊肉的抗氧化能力显著高于舍饲组，这可能是因为牧草含有较多的维生素（维生素 A、维生素 C、维生素 E 等）及具有抗氧化能力的矿物质元素（Zhang，2010），增强了肌肉的抗氧化能力（Guilhem，2010）。同时，动物在放牧条件下自由活动，适宜的运动量能够增强肌肉中某些抗氧化酶的活性，平衡了自由基，保证了细胞结构和功能的完整性（Garmyn，2010）。

二、舍饲养殖的优势

在生产性能方面，研究发现舍饲育肥羊羔的出栏天数要比自然放牧组短，说明舍饲育肥比放牧育肥在很大程度上缩短了羔羊的育肥期，提高了羊肉生产效率（Weglarz，2010）。舍饲羊的屠宰率、胴体重、眼肌面积等屠宰性能指标也明显高于放牧组（Faustman，2010）。研究对比了不同饲养条件下苏尼特羊肉的品质差异，发现圈养组脂肪含量显著高于放牧组（Shan，2011）。对比放牧、放牧 + 补饲、全舍饲 3 种模式下的青海藏羊的食用品质和营养成分，发现全舍饲组羊肉的蒸煮损失最低，脂肪含量最高（Eilertsen，2011）。

放牧小尾寒羊肉蛋白质含量高、脂肪含量低、肌纤维特性好，但是舍饲羊肉脂肪含量和氨基酸含量高，肉色和产肉性能优于放牧羔羊（于小杰，2021），养殖者可以根据消费者的喜好，来选择合适的饲养方式。

三、饲养方式对肉羊抗氧化能力的影响

在肌肉组织中，氧化稳定性是由脂质氧化与抗氧化能力共同决定的。脂质氧化主要是脂肪酸发生链式反应并产生一系列代谢产物，包括醛、酮、醇、烃等，在大多数情况下，脂质过度氧化会产生令人不愉悦的气味（Cheng，2016）。同时，肉中存在的抗氧化系统能抑制氧化，使肉质氧化达到平衡；不合理的饲养方式会使机体过度氧化，加快羊的衰老，使羊肉的质量下降。Ponnampalam 等发现牧草中的维生素 E 能抑制放牧饲养羊肉中的脂质过度氧化（Ponnampalamen，2010）。

舍饲饲养羊肉中的脂质氧化产物含量较高，这表明舍饲饲养羊肉的脂质氧化程度比较严重。放牧饲养羊的 T-AOC、CUPRAC 和 SOD、CAT、GPx 活力均高于舍饲饲养羊，这说明放牧饲养羊肉的抗氧化能力较强，肉中的脂质氧化可以被有效抑制。进一步分析两种饲养方式下羊肉中的抗氧化酶相关基因表达量，发现舍饲饲养羊肉中 LOX 基因表达量高于放牧饲养，而 SOD、CAT 和 GPx 基因表达量均低于放牧饲养，从分子水平验证了舍饲饲养羊肉脂质氧化程度更严重，而放牧饲养羊肉的抗氧化能力较好（罗玉龙，2019）。

四、饲养方式对肉羊脂肪酸含量的影响

不饱和脂肪酸积累受多种因素共同作用，但目前众多研究表明饲养方式是影响不饱和脂肪酸积累的主要因素，已有诸多研究表明放牧羊骨骼肌中不饱和脂肪酸积累显著高于舍饲羊（Scerram，2011）。增加牧草摄入量可以刺激瘤胃频繁蠕动，促进瘤胃微生物合成长链多不饱和脂肪酸（茅慧玲，2010）。不饱和脂肪酸种类和含量与牧草种类和牧草成分有关，肌肉中不饱和脂肪酸比例与牧草中不饱和脂肪酸比例规律基本一致（冯德庆，2015）。二十碳五烯酸（EPA）和二十二碳六烯酸（DHA）是两种功能性长链脂肪酸，具有抗氧化、抗衰老作用，对预防记忆力减退、阿尔茨海默病有一定疗效。

PPAR-y 是脂肪细胞基因表达和胰岛素细胞间信号传递的主要调节者，脂肪酸的种类、浓度和作用时间等都是影响胰岛素表达的重要因素，研究发现PPAR-y 基因表达量与 SFA 含量呈显著负相关。放牧羊和舍饲羊的饱和脂肪酸组成中棕榈酸均占最大比例，棕榈酸的积累可以抑制 PPAR-y 的表达（王柏辉，2014）。另有研究发现放牧饲养苏尼特羊肉中调控脂肪分解的基因表达量高于舍饲饲养，调控脂肪合成的基因表达量低于舍饲饲养。放牧饲养 SFA 含量低于舍饲饲养，但有益健康的 CLA、DHA、EPA 等含量高于舍饲饲养，放牧饲养羊肉从脂肪酸角度考虑的营养价值高于舍饲饲养（袁倩，2019）。

第四节　屠宰加工对羊肉品质的影响

宰后成熟过程会影响肌肉的剪切力值、持水性、色泽、风味等。其中由于肌原纤维结构的解离和肌原纤维蛋白的水解，会对肉的持水性、色泽、风味等产生影响（Koohmaraie，1996）。宰后成熟过程也会对肉的食用品质和卫生品质造成不良影响。在成熟过程中会伴有微生物的生长繁殖以及脂肪和蛋白质的氧化分解，为了减少上述情况对肉的食用品质和卫生品质影响，屠宰加工以及排酸温度要求都必须是低温，同时在肉的成熟过程中要尽量减少微生物的污染（Crouse，1991）。

羊肉品质与羊宰前应激密切相关，宰前和屠宰过程中较高应激均会致使形成 PSE（Pale Soft Exudative）肉或 DFD（Dry Firm Dark）肉，导致肉的食用及感官品质大幅降低（谭瀛，2009）。国外研究报道称，这些应激主要来源于动物的运输、入栏、驱赶、季节变化及屠宰方式等（Aboagye，2018）。

随着人民生活水平的提高，消费者对肉制品的需求从数量逐渐向符合动物福利要求的质量型转变，动物福利出发点是动物在无恐惧、无痛苦的状态下死去，这样将会减轻动物在宰前和宰杀过程中经受的应激程度，进一步提高肉品质（杨莲茹，2004）。

研究表明，不当的宰前管理会造成动物较大的应激，从而加重宰后肌肉细胞的无氧呼吸及能量代谢，致使糖原大幅下降、积累乳酸（Xing，2019）。王德宝等（2020）对不同屠宰方式对蒙古羊应激及羊肉品质进行研究，表明掏心式屠宰和电击晕方式屠宰有助于减小肉羊应激、改善羊肉品质。

一、屠宰方式对肉羊应激的影响

抹脖子屠宰、传统掏心式屠宰及电击晕后屠宰等方式宰杀肉羊过程中因使用的外力及持续时间不同，肉羊经受应激程度各异。较小的应激可改善肉质、降低肉中汁液损失并提高熟肉率。屠宰前肉羊经外力拉扯、惊吓，产生较大应激。屠宰方式的差异造成宰后肌肉的运动程度不同，抹脖子屠宰引起宰后肌肉剧烈运动程度最大，而传统掏心式和电击晕方式的屠宰方式致使肉羊瞬间失去知觉，引起的宰后应激反应相对抹脖子屠宰会较小。宰后肌肉的跳动加剧肉中仅存氧气的消耗，促使肌肉细胞变为无氧呼吸，骨骼肌缺氧或肌肉收缩能够提高 AMP/ATP 比例，AMP 含量的增加进而激活 AMPK 活性，加速肌肉中的糖酵解（刘政，2015）。AMPK 激活后对糖酵解过程关键酶的活性具有一定调控作用，如已糖激酶、磷酸果糖激酶、丙酮酸激酶，进而影响肌肉中糖酵解进程。抹脖子屠宰 AMPK 活性高于其他 2 种屠宰方式，而上述 3 种酶活性低于掏心式和电击晕方式屠宰。掏心式屠宰后羊肉中糖原含量显著高于抹脖子屠宰和电击晕方式屠宰，且肉中乳酸含量也低于抹脖子屠宰和电击晕方式屠宰，说明掏心式屠宰法引起应激程度最小。

二、屠宰方式对肉羊食用品质的影响

羊肉的品质除遗传与饲料营养外，屠宰前的处理或屠宰方式都会直接对羊肉品质产生重要的影响，宰前处理包括宰前运输、禁食、休息、致晕等，在此过程中，肉羊会面临如惊吓、拥挤、混群、饥饿、脱水等应激源的刺激，产生心理及新陈代谢的变化，引起下丘脑神经和激素变化，刺激肾上腺皮质释放糖皮质激素，增强肝糖原和肌糖原的分解，加速糖酵解，对动物宰后的肉品质造成不同程度的影响（尹靖东，2011）。因此，合理的宰前处理可以避免宰前应激给肉质造成的不良影响。

动物屠宰前肌糖原含量及屠宰后糖酵解速率和程度决定肌肉中乳酸含量及 pH 值的变化，随着 pH 值下降逐渐接近蛋白质等电点，会对肌肉中蛋白质产生一定影响，对肉的熟肉率、蛋白质降解、滴水损失、嫩度、色泽等造成影响（Bee，2006）。

宰后 45 min 内羊肉 pH 值偏碱性。电击晕方式屠宰组 pH 值高于抹脖子方式屠宰及掏心式屠宰。赵慧等（2013）研究表明，肉猪宰后 45 min 时的 pH 值与肉的滴水损失率相关性达 0.50。滴水损失反映不同肉质保水性能的差异，保水性能好的肉质向外渗透的水分会减少，进而肉的滴水损失率及熟肉率也会增加，滴水损失是衡量肌肉品质的重要指标，其值的大小与肌肉系水性能直接相关（赵慧，2013）。抹脖子方式屠宰、掏心式屠宰及电击晕方式屠宰 3 种屠宰方式的滴水损失率为：电击晕方式屠宰 > 抹脖子屠宰 > 掏心式屠宰。电击晕宰杀易导致肌肉纤维蛋白质性质发生较为激烈的变化，加大蛋白质的降解率，这一变化可能降低蛋白质对水分的束缚能力。熟肉率与滴水损失呈负相关，促使电击晕屠宰熟肉率低于其他 2 种方式（黄继超，2015）。

肉的嫩度是评价肉类食用品质的重要指标，也是影响消费者的重要因素。肌肉剪切力与嫩度呈负相关，其变化反映肉的嫩度。掏心式屠宰的肌肉剪切力，显著低于抹脖子屠宰，而掏心式屠宰与电击晕方式屠宰差异不显著，说明掏心式屠宰法和电击晕后屠宰法有助于改善羊肉嫩度。电击晕方式屠宰肌肉红度值高于抹脖子方式屠宰，电击晕方式屠宰与掏心式屠宰的肌肉黄度值也低于抹脖子方式屠宰。相对于抹脖子方式屠宰，电击晕方式和掏心式屠宰可改善羊肉品质（王德宝，2020）。

三、宰前进食对羊肉品质的影响

屠宰场一般不为动物提供食物，仅提供饮水。宰前禁食可以在一定程度上恢复由于装卸和运输等应激造成的疲劳、糖原消耗、脱水及胴体损失，恢复肌糖原储备。然而，长时间禁食（如 48 h）会对活体重、胴体重及肌肉糖原含量等造成负面影响（Contreras，2007），从而产生 DFD 肉。

糖原作为糖酵解底物，其含量的变化取决于动物品种、肌纤维类型与动物营养状况，同时也受宰前禁食程度的影响。长时间禁食由于糖原含量下降，影响宰后肌肉成熟过程中乳酸的形成，出现高极限 pH 值。Daly 等（2006）研究发现，小于 4 d 的宰前禁食对绵羊胴体的肌肉糖原损耗、pH 值的下降速度及最终 pH 值没有影响。夏安琪等（2014）研究了不同宰前禁食时间（0 h、12 h 和 24 h）对羊肉的影响，发现宰前禁食 24 h，宰后羊肉初期的 pH 值

（0～4 h）显著高于禁食 12 h 组和未禁食组，但随着成熟时间延长，pH 值差异逐渐消失，禁食与未禁食间 pH_{24h} 值和 pH_{48h} 值差异不显著。而 Greenwood 等研究发现禁食及禁食过程中造成的应激反应会使羊肉极限 pH 值升高（Greenwood，2008）。Apple 等（1993）研究发现，宰前禁食会使山羊羔肉色加深，但 Zimerman 等（2011）表明，屠宰禁食对羊肉 L*、a*、b*、ΔE 没有影响。夏安琪等（2014）的研究还表明宰前禁食 24 h 羊肉蒸煮损失显著低于禁食 12 h 和未禁食的羊，而对滴水损失和剪切力没有影响，对感观指标（膻味、嫩度、多汁性及总体可接受性）也没有影响。

反刍动物在装运前进行充分禁食（小于 24 h）可使粪便排空，活体动物在运输后保持清洁，减少粪便对胴体的污染，有效减少羊肉大肠菌群总数。Pointon 等（2012）研究认为，绵羊、山羊宰前饲喂干草和短时间禁食，可以显著降低消化道中的细菌数量，而对羊肉的菌落总数没有影响。因此，宰前禁食 12 h 和 24 h 可以使宰后羊肉的卫生品质提高。但也有研究显示，禁食 24 h 比禁食 12 h 瘤胃中大肠菌群总数高，表明禁食可以减少粪便和皮毛对胴体的污染，但也可能会增加瘤胃内容物污染的概率（Gutta，2009）。

四、宰前静养对羊肉品质的影响

宰前静养是指畜禽从饲养场运输至屠宰场后供食供水休息过程。肉羊在适当的环境进行充分休息，有利于恢复宰前应激带来的疲劳和紧张，改善宰后羊肉品质。GB 18393—2001《牛羊屠宰产品品质检验规则》建议牛羊宰前应进入待宰圈禁食静养 12～24 h，宰前 3 h 停止供水。

Liste 等（2011）研究显示，羔羊经 12 h 过夜静养能够降低其血液中与应激程度有关的指标，如皮质醇、血糖及乳酸浓度等。Ekiz 等（2012）发现，羔羊经 75 min 运输后，分别休息 30 min 和休息 18 h，肉质有显著差异，结果显示休息 18 h 羔羊的肌肉 pH 值和剪切力显著下降，持水力和蒸煮损失显著上升（Ekiz，2012）。唐善虎等（2018）研究了小尾寒羊宰前运动 20 min 后，进行不同时间的休息（0 h、2 h、6 h、12 h、24 h）对宰后羊肉品质的影响，发现宰前运动会对羔羊产生应激，未休息和休息 24 h 的羔羊有较高的应激水平；羔羊背肌 $pH_{45\,min}$ 值和 $pH_{24\,h}$ 值随着休息时间的延长而降低，未休息和仅休息 2 h 的羊背肌 $pH_{24\,h}$ 值 >6.0；糖酵解潜力随着休息时间的延长而降低；宰前运动 20 min 对肉色没有影响，但休息时间对肉色有显著影响，随休息时间的延长宰后肉色参数 L*、a*、b* 值呈下降趋势；未休息和休息 24 h 的羔羊背肌系水力下降。

唐善虎等（2018）还发现，宰前运动 20 min 可以提高羊肉嫩度，而宰前静养使羊肉嫩度降低，这与 Zimerman 等（2011）、Warner 等（2005）的研究结果一致。总之，肉羊在宰前遭受短期应激后，若经过适当休息（6～12 h），可以降低羊肉 $pH_{45\,min}$ 值、$pH_{24\,h}$ 值和糖酵解潜力，提高羊肉的嫩度。因此，合理的宰前休息时间对改善宰后羊肉品质有积极意义。

第五节　运输对羊肉品质的影响

宰前运输是造成屠宰过程中肉羊遭受应激和损伤可能性最大的阶段，不当的运输条件会导致肉羊产生应激反应（张德权，2014）。EKkiz 等（2012）比较了羔羊宰前未运输与运输 75 min 处理后羊肉品质的差异，发现运输 75 min 后，羊肉的极限 pH 值升高、剪切力上升、蒸煮损失降低、肉色加深。Kadim 等（2006）也得到类似结果，宰前在 37℃ 高温下运输 2 h 的山羊羊肉的极限 pH 值、剪切力、滴水损失、蒸煮损失均有所上升，但肌节长度以及羊肉的 L*、a* 和 b* 值等指标显著降低。夏安琪等（2014）研究了宰前运输 0 h、1 h、3 h 和 6 h 处理，对羊肉食用品质、感官品质及蛋白质特性的影响，发现宰前运输使羊肉宰后 pH_{24h} 值和剪切力显著升高、肉色加深、蒸煮损失降低、感官评价总体可接受性程度下降，宰前运输 1 h 组的羊肉肌原纤维降解程度低于对照组。Miranda-de la Lama 等研究了两个季节（冬季和夏季）与两种运输系统（直接运输和中途停留运输）对羊肉品质的影响，季节与运输系统有显著的互作效应，羊肉在冬天直接运输和中途停留运输都比夏季运输遭受更严重的应激，肉质也更差，在寒冷季节的直接运输所受应激最大（Miranda，2012）。直接运输会增加羔羊的紧张感，从而引起肉中皮质醇、乳酸、葡萄糖、宰后 pH_{24h} 值的增加及肉色变暗和嫩度下降，而中途停留运输可有效保证羊肉的胴体品质。

总之，宰前运输方式和运输时间的不同，所造成的应激程度不同，肉羊所产生的反应也有所不同。轻度应激会促进糖原代谢，有利于肉的宰后成熟，而长时间运输使动物疲惫不堪，给肉质造成消极影响（尹靖东，2011）。

参考文献

白艳红,赵电波,毛多斌,等,2004.超高压处理对绵羊肉嫩化机理的研究 [J].农业工程学报,

20(6)：6–10.

陈中卫，王瑞秀，刘强，等，2021. 低聚壳聚糖替代抗生素对樱桃谷肉鸭生长性能、屠宰性能、肠道屏障功能和肌肉品质的影响 [J]. 畜牧兽医学报，52(7)：1927–1941.

董文娟，何永涛，丛玉燕，等，2006. 补饲维生素 D3 对羊肉品质的影响 [J]. 黑龙江畜牧兽医 (3)：90–91.

冯德庆，黄勤楼，黄秀声，等，2015. 添加黑麦草饲粮对鹅肉脂肪酸组成的影响 [J]. 草地学报，23(6)：1323–1328.

冯涛，2005. 日粮蛋白质水平对舍饲羔羊育肥性能及肉品质影响的研究 [D]. 咸阳：西北农林科技大学.

国家国内贸易局肉禽蛋食品质量检测中心（北京），2001. 牛羊屠宰产品品质检验规程：GB 18393—2001 [S].

侯艳茹，苏琳，侯普馨，等，2021. 饲养方式对苏尼特羊肌纤维组成和肉品质的影响及其调控机理 [J]. 食品科学，42(7)：83–89.

胡猛，张文举，尹君亮，等，2013. 育成荷斯坦奶公牛与其他 3 个品种牛的肉品质比较研究 [J]. 中国畜牧兽医，40(3)：95–99.

黄继超，2015. 电击晕对宰后鸡肉品质的影响及相关机理研究 [D]. 南京：南京农业大学.

金亚东，贾柔，周玉香，等，2021. 饲粮精料水平和蛋氨酸铬添加剂量对舍饲滩羊生长性能、屠宰性能、肉品质和脂肪沉积的影响 [J]. 动物营养学报，33(2)：888–899.

刘政，赵生国，李华伟，等，2015. 脂尾去除对"兰州大尾羊"和"蒙古羊"生长性能及脂肪沉积分布的影响 [J]. 中国农学通报，31(5)：7–11.

陆红佳，郑龙辉，2010. 超高压技术在肉品加工中的应用 [J]. 肉类研究，24(11)：24–28.

罗海玲，孟慧，朱虹，等，2010. 维生素 E 改善羊肉品质的机理初探 [J]. 饲料工业，31(A02)：57–63.

罗燕，李志远，邵永斌，等，2014. 中草药添加剂对绵羊肉品质和肌苷酸含量的影响研究 [J]. 中国畜牧杂志，50(5)：70–74.

罗玉龙，刘畅，李文博，等，2019. 两种饲养方式下苏尼特羊肉的氧化稳定性 [J]. 食品科学，40(17)：30–35.

马琴琴，李铁军，何流琴，等，2015. 不同粗饲料组合对宁夏滩羊生长性能，屠宰性能及肉品质的影响 [J]. 动物营养学报，27(6)：1936–1942.

茅慧玲，刘建新，2010. 反刍动物肌肉脂肪酸营养调控研究进展 [J]. 饲料工业，31(23)：30–34.

孟梅娟，高峰，高立鹏，等，2015. 不同粗饲料来源的饲粮对山羊屠宰性能及肉品质的影响 [J]. 动物营养学报，27(8)：2572–2579.

钱勇，钟声，张俊，等，2015. 南方农区不同饲养方式和类群羔羊胴体品质及肉质比较 [J]. 家畜生态学报，36(4)：29–34.

宋杰，2010. 日粮不同能量水平对绵羊羊肉品质及不同组织中 H-FABP 基因表达的影响 [D]. 保定：河北农业大学.

孙爽,罗军,王维,等,2013.不同蛋白水平日粮对西农萨能羊公羔肥育性能的影响 [J].畜牧与兽医 (2):12-16.

谭瀛,2009.屠宰过程中影响应激肉产生的因素 [J].黑龙江畜牧兽医 (16):72.

唐善虎,郑渝川,李思宁,等,2018.宰前管理对小尾寒羊应激及肉质的影响 [J].西南民族大学学报 (自然科学版),44(2):117-124.

王柏辉,靳志敏,刘夏炜,等,2014.影响羊肉中不饱和脂肪酸沉积因素的研究进展 [J].食品工业,35(12):226-229.

王德宝,郭天龙,王莉梅,等,2020.不同屠宰方式对宰后蒙古羊羊肉 AMPK 活性、糖酵解及羊肉品质的影响 [C].中国畜牧兽医学会动物福利与健康养殖分会第四次全国学术研讨会论文集.

王威皓,段艳,王宏迪,等,2023.饲养方式对苏尼特羊生长性能、屠宰性能、肉品质和瘤胃菌群的影响 [J/OL].畜牧兽医学报,53(3):1-11.

吴荷群,付秀珍,陈文武,等,2014.冬季不同舍饲密度对育肥羊屠宰性能及肉品质的影响 [J].中国畜牧兽医 (12):152-156.

吴铁梅,2013.不同饲养模式对绒山羊羔羊育肥性能、屠宰性能及肉品质的影响 [D].呼和浩特:内蒙古农业大学.

夏安琪,李欣,陈丽,等,2014.不同宰前禁食时间对羊肉品质影响的研究 [J].中国农业科学,47(1):145-153.

杨莲茹,孔卫国,杨晓野,等,2004.动物福利法的历史起源、现状及意义 [J].动物科学与动物医学 (6):28-30.

尹靖东,2011.动物肌肉生物学与肉品科学 [M].北京:中国农业大学出版社,2011:25-26.

尹靖东,2011.动物肌肉生物学与肉品科学 [M].北京:中国农业大学出版社.

于小杰,王净,白园园,等,2021.放牧与舍饲饲养方式对小尾寒羊肉品质的影响 [J].畜牧兽医学报,52(8):2223-2232.

袁倩,王柏辉,苏琳,等,2019.两种饲养方式对苏尼特羊肉脂肪酸组成和脂肪代谢相关基因表达的影响 [J].食品科学,40(9):29-34.

张德权,2014.冷却羊肉加工技术 [M].北京:中国农业出版社.

赵慧,甄少波,任发政,等,2013.待宰时间和致晕方式对生猪应激及猪肉品质的影响 [J].农业工程学报,29(4):272-277.

ABOAGYE G, DALL' OLIO S, TASSONE F, et al., 2018. Apulo-calabrese and crossbreed pigs show different physiological response and meat quality traits after short distance transport[J]. Animals, 8(10): 1-13.

APPLE J K, UNRUH J A, MINON J E, et al., 1993. lnfuence of repeated restraint and isolation stress and electrolyte administration on carcassquality and muscle electrolyte content of sheep[J]. Meat Science, 35(2): 191-203.

BEE G, BIOLLEY C, GUEX G, et al., 2006. Effects of available dietary carbohydrate and preslaughter treatment on glycolytic potential, protein degradation, and quality traits of pig muscles[J]. Journal of Animal Science, 84(1): 191–203.

CHENG J H, 2016. Lipid oxidation in meat[J]. Journal of Nutrition and Food Sciences, 6(3): 1–3.

CONTRERAS-CASTIL C, PINTO A A, SOUZA G L. et al., 2007. Effects of feed withdrawal periods on carcass yield and breast meat quality of chickens reared using an alternative system[J]. The Journal of Applied Poultry Research, 16(4): 613–622.

CROUSE J D, KOOHMA RAIE M, SEIDEMAN S D, 1991. The relationship of muscle fibre size tenderness of beef[J]. Meat Science, 30(4): 295–302.

DALY B L, GARDNER G E, FERGUSON D M. et al., 2006. The effect of time ofed prior to slaughter on muscle glycogen metabolism and rateof pH decline in three different muscles of stirmulated and non-stimulated sheep carcasses[J]. Australian Journal of Agricultural Research, 57(11): 1229–1235.

EKIZ B, DEMIREL G, YILMAZ A, et al., 2013. Slaughter characteristics,carcass quality and fatty acid composition of lambs under four different production systems[J]. Small Rumin Res, 114(1): 26–34.

EKIZ B, EKIZ E E, KOCAK O, et al., 2012. Effect of pre-slaughter management regarding transportation and time in lairage on certain stress parameters, carcass and meat quality characteristics in Kivircik lambs[J]. Meat Science, 90(4): 967–976.

FAUSTMAN C, SUN Q, MANCINIR, et al., 2010. Myoglobin and lipid oxidation interactions : Mechanistic bases and control[J]. Meat Science, 86(1):86–94.

FRANCISCO A, DENTINHO M T, ALVES S P, et al., 2015. Growth performance, carcass and meat quality of lambs supplemented with increasing levels of a tanniferous bush (Cistus ladanifer L.) and vegetable oils[J]. Meat science, 100: 275–282.

GARMYN A J, HILTON G C, MATEESCU R G, et al., 2010. Effects of concentrate-versus forage-based finishing diet on carcass traits, beef palatability, and color stability in longissimus muscle from Angus heifers[J]. The Professional Animal Scientist, 26(6): 579–586.

GREENWOOD P L, FINN J A, MAY T J, et al., 2008. Pre-slaughter management practices infuence carcass characteristics of young goats[J]. Australian Journal of Agricultural Research, 48(7): 910–915.

GUILHEM S, JEREMY R, ERWAN E, 2010. Persistence of pasture feeding volatile biomarkers in lamb fats[J]. Food Chemistry, 118(2):418.

GUTTA V R, KANNAN G, LEE J H. et al., 2009. Influences of short-term preslaughter dietary manipulation in sheep and goats on pH and microbial loads of astrointestinal tract[J]. Small Ruminant Research, 81(1): 21–28.

KADIM I T, MAHGOUB O, AL-KINDI A, et al., 2006. Effects of transportation at high ambient temperatures on physiological responses, carcass and meat quality characteristics of three breeds of Omani goats[J]. Meat Science, 73(4): 626.

KOOHMARAIE M, 1996. Biochemical factors regulating the toughening andtenderization processes of meat[J]. Meat Science, 43(1): 193–201.

LIND V, BERG J, EILERTSEN S M, et al., 2011. Effect of gender on meat quality in lamb from extensive and intensive grazing systems when slaughtered at the end of the growing season[J]. Meat Science, 88(2):305–310.

LISTE G, MIRANDA-DE LA LAMA G, CAMPO M, et al., 2011. Effect of lairage on lamb welfare and meat quality[J]. Animal Production Science, 51(10): 952–958.

LONERGAN E H, ZHANG W G, LONERGAN S M, et al., 2010. Biochemistry of postmortem muscle. Lessons on mechanisms of meat tenderization[J]. Meat Science, 86(1):184–195.

LOPES L S, MARTINS S R, CHIZZOTTI M L, et al., 2014. Meat quality and fatty acid profile of Brazilian goats subjected to different nutritional treatments[J]. Meat Science, 97(4)：602–608.

MARTINEZ-CEREZO S, SANUDO C, MEDEL I, et al., 2005. Breed, slaughter weight and ageing fime effects on sensory characteristics of lamb [J]. Meat Science, 69(3): 571–578.

MILLAR S J, MOSS B W, STEVENSON M H, 2000. The effect of ionising radiation on the colour of leg and breast of poultry meat[J]. Meat Science, 55(3)：361–370.

MIRANDA-DE LA LAMA G C, SALAZAR-SOTELO M I, PÉREZ-LINARES C, et al., 2012. Effects of two transport systems on lamb welfare and meat quality[J]. Meat Science, 92(4): 554–561.

MUÍÑO I, APELEO E, DE LA FUENTE J, et al., 2014. Effect of dietary supplementation with red wine extract or vitamin E,in combination with linseed and fish oil, on lamb meat quality[J]. Meat science, 98(2): 116–123.

POINTON A, KIERMEIER A, FEGAN N, 2012. Review of the impact of preslaughter feed curfews of cattle, sheep and goats on food safety and carcase hygiene in Australia[J]. Food Control, 26(2): 313–321.

POMPONIO L, ERTBJERG P L, KARLSSON A H, et al., 2010. Influence of early pH decline on calpain activity in porcine muscle[J]. Meat Science, 85(1):110–114.

PONNAMPALAM E, WARNERR D, KITESSA S, et al., 2010. Influence of finishing systems and sampling site on fatty acid compositionand retail shelf–life of lamb[J]. Animal Production Science, 50(8): 775–781.

SCERRA M, LUCIANO G, CAPARRA P, et al., 2011. Influence of stall finishing duration of ltalian Merino lambs raised on pasture on intramuscular fatty acid composition[J]. Meat Science, 89(2): 238–242.

SENSK Y, PAUL L, BUTTER Y, et al., 2010. Tenderness – An enzymatic view[J]. Meat Science, 84(2):248–256.

SHAN X, WAN G Z, LEE E J, et al., 2011. Lipid and protein oxidation of chicken breast rolls as affected by dietary oxidation levels and packaging[J]. Journal of Food Science, 76(4): c612–c617.

SIMITZIS P E, DELIGEORGIS S G, BIZELIS J A, et al., 2008. Effect of dietary oregano oil supplementation on lamb meat characteristics[J]. Meat Science, 79(2): 217–223.

WARNER R D, FERGUSON D M, MCDONAGH M B, et al., 2005. Acute exercise stress and electrical stimulation influence the consumer perception of sheep meat eating quality and objective quality traits[J]. Animal Production Science, 45(5): 553–560.

WEGLARZ A , 2010. Meat quality defined based on pH and colour depending on cattle category and slaughter season[J]. Czech journal of animal science, 55(12): 63.

XING T, GAO F, TUME R K, et al., 2019. Stress effects on meat quality: A mechanistic perspective[J]. Comprehensive Reviews in Food Science and Food Safety, 18: 380–401.

ZIMERMAN M, GRIGIONI G, TADDEO H, et al., 2011. Physiological stress responses and eat quality traits of kids subjected to different preslaughter stressors[J]. Small Ruminant Research, 100(2): 137–142.

第四章
肉羊高质量养殖福利调控技术

第一节　肉羊环境需求与调控技术

一、养殖方式

不同品种的肉羊养殖方式是不同的，不同地区有不同的养殖方式可以选择，一般情况下，饲养方式主要可分为散养放牧、半放牧半舍饲和舍饲为主。相较而言，放牧与舍饲两者结合的方式更加有利于提高羊的生长速度及繁殖效率。

散养放牧主要是依托当地的地理环境，根据肉羊的生长发育各阶段的营养需求，添加所需要的饲料，通过自然繁殖形成规模化的一种粗放型养殖方式。基础羊群以繁殖母羊为主，通过出售羊羔发展壮大羊群。散养放牧的主要特点：一是羊生长发育较慢，通常养殖周期较长，个体比较瘦，成年羊体重多在 20 ～ 25 kg；二是饲养管理方式较为简单，不需要基础设施投入，饲料以天然草场为主，生产成本较低；三是疫病防控措施较少或不易防控，一旦出现疫情，难以控制；四是处于闲散养殖，市场调节下不利于集约化、规模化发展；五是自然放牧条件下，羊有更多活动空间，相较而言，肉质好、品质更佳（黄天沧，2021）。

半放牧半舍饲可分为两种形式（图 4-1），一是部分养殖户约半年时间在草山、草坡和草场放牧，让肉羊采食鲜草，在寒冷季节则进行舍饲。二是在有舍饲条件且附近有草场的情况下，养殖户半天进行野外放牧，半天在畜舍饲养。半放牧半舍饲的主要特点：一是放牧以天然草场为饲料，仅在过冬时节进行喂养，可节约部分草料，一定程度上降低养殖成本；二是放牧过程中羊增加了运动量，体质增强，同等体重下生长期更短，出栏时间缩短；三是不单独占用劳力，羊粪可肥沃土地（黄天沧，2021）。

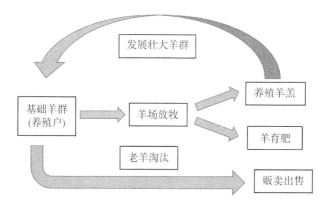

图 4-1　散养放牧和半放牧半舍饲运营模式（黄天沧，2021）

以暖棚舍饲养殖为主要生产方式，以玉米、农作物等为主要饲料，以人工干预性别繁殖等形成规模化的精细养殖方式（图 4-2）。购买的育肥羊群以雄性为主，其个体大，育肥较快。舍饲的主要特点：一是羊外出觅食减少，活动量相对小，同比单位的饲草料能产出更多肉量，饲养周期短，出栏快，效益高；二是羊积肥多；三是羊疾病少，产羔成活率高（黄天沧，2021）。

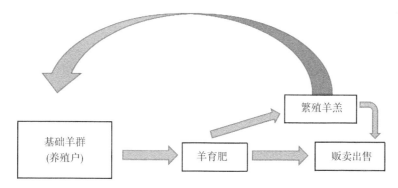

图 4-2　舍饲养殖运营模式（黄天沧，2021）

以上三种方式为传统养殖方式，一般养羊时主要利用现有条件，但也应该尽可能选择合理的地形地势，以实现羊舍的科学化合理化设计。总体来看，为使排水合理，通风顺畅，一般羊舍宜建在地势较高的地方。如条件允许，修建吊脚楼羊舍是一种不错的选择，这种做法，由于距离地面有一定高度，通风较为顺畅，可以使羊舍容易保持干燥和清洁，对于防止发生各类传染病和寄生虫病较为有效，还能有效避免各类野兽的袭击。从羊舍基本要求来说，基本上是要做到背风和向阳，实现通风透光。这方面，尽可能避免利用原有的猪圈养羊的做法，这样可能会造成因小失大（王琴，2019）。当然，有些时候一些养殖户为了获取更多的利益，会选择将肉羊和其他家畜进行混养，这样会增加各种传染病及寄生虫病的患病概率。

按照强弱、公母和用途合理分群，科学管理。一般分为公羊群、母羊群、育肥群、羔羊群、弱羊群，根据不同的生产目的，给予不同的营养标准，经常注意观察羊群，对一些特别强势和弱势的羊给予特别的管理。在饲喂时，由 2 个以上养殖人员从不同方向同时进行饲喂，弱羊、病羊要单独饲喂，分娩母羊要有专用分娩舍，分娩舍要保暖、透光、通风良好（郭塞红等，2019）。

二、饲养密度

饲养密度是指单位面积饲养动物的数量，可以是只 /m²、kg/m² 等来表示，并且作为养殖的重要参数之一，饲养密度直接关乎养殖的成本、利润、饲养动物的疾病、健康、福利和饲养方法。如果饲养密度过大，夏季不利于羊体散热，虽然冬季能提高羊舍温度，但会导致羊只因争斗引起采食不均、休息时间缩短，继而影响生长发育。由于羊舍散发的蒸汽和产生的有毒有害气体多，如果通风换气不及时，会使羊舍空气污浊，不利于羊体健康。同时，密度过小，不能充分利用羊舍和其他设施，造成浪费。

随着集约化饲养模式的发展，养殖户为了降低生产成本而有意加大肉羊的饲养密度，但饲养密度大不能保证肉羊的品质，且会加大疫病的发生率，反而降低养殖效益。研究表明，适宜的饲养密度能显著改善肉羊四肢膝关节的清洁度，进而降低血清皮质醇浓度，由此提高肉羊的生产力（王磊等，2015）。

三、温湿度

肉羊不喜湿热，长时间的湿热会阻碍羊群生长发育，降低繁殖率，提高疾病感染概率，因此羊场的环境要进行一定的选择，最好是在背风向阳、通风排水良好、地势干燥的地方。

温度是影响肉羊健康和生产力的主要环境因素之一，羊的产肉性能只有在适宜的温度条件下才能得到充分的发挥，并且饲料利用率和抗病力相对来说较高。温度过高或过低都会使产肉水平下降，导致育肥成本提高，甚至还会影响到健康。如果温度太低，会导致羊采食的饲料被用于维持体温，使得饲料消耗在维持体温上的比例增加，并且不利于羔羊生长发育，影响羔羊的健康和存活，有的甚至会导致成年肉羊掉膘。如果温度过高，会导致肉羊的采食量下降，甚至会出现停止采食的现象，导致肉羊营养摄入量不足，影响育肥效果。高温会使肉羊产生热应激，对其健康非常不利，对公羊精液的质量影响很大，对母羊的繁殖性能也有着不良的影响，会导致胚胎死亡，降低羔羊的成活率，使羔羊的体质下降而影响后期的育肥。倘若羊只一直处于高热环境中，便会出现体温失衡，呼吸频率逐渐加快，反刍次数显著降低等现象（李凤忠等，2003）。

适宜的温度能较好地维持羊只的福利水平。在肉羊福利化养殖中，成年羊的适宜温度为 5 ~ 25℃，羔羊为 10 ~ 25℃。其中，羊舍温度冬季不得低于 -5℃，夏季不得高于 35℃。总的来说，要给肉羊提供适宜的环境温度，由于肉羊品种的不同，最适温度也有所不同。因此，要根据肉羊的品种、年龄、生理阶段以及饲料条件来定，很难划出一个统一的范围。肉羊生活环境的相对湿度也影响着肉羊体内热量的散发，潮湿的环境会引起病原微生物包括真菌、细菌以及寄生虫的大量滋生和繁殖，在这样的环境下，肉羊易患湿疹、腐蹄病等疾病。除此之外，相对湿度过大也会导致饲料和垫料发生腐烂，引起羊各种消化道疾病，一般干燥的环境对羊的生产和健康有利，但是湿度过低时，羊舍内环境过于干燥，羊舍内的粉尘量也相对增加，羊患呼吸道疾病的概率会增加，给羊的生产和健康带来不利的影响。

因此，如果湿度和温度不适宜，会加剧对肉羊的危害，在高温、高湿的条件下，肉羊的散热更加困难，严重时会使羊散热受到抑制，导致体温升高，皮肤充血，呼吸困难，中枢神经受到高温的影响，机体的功能失调而最后发生死亡；在低温、高湿的条件下，羊易患感冒、神经痛、关节炎和肌肉炎等疾病。所以，在饲养肉羊时，应当注意对温度、湿度的控制，给予肉羊相对舒适的环境，更加利于肉羊的生长以及繁殖。

四、通风

通风在很大程度上既能影响羊舍的温度和湿度，也间接影响羊群的健康和生产性能。在羊舍管理中，通风管理受到多种因素的影响，比如羊舍的结构、通风设备、自然环境等，通风贯穿整个养殖的过程。尤其是在长江中下游地区，一般情况下在 6 月中旬开始入梅，7 月中旬出梅，俗称梅雨季节。该阶段雨量俱增（旱梅除外），特点是闷热潮湿，易引发动物疫病，是家畜家禽发病死亡率极高的一个阶段，严重影响畜牧业正常生产。此时，应当注意勤开窗通风换气，通风时可采用纵向通风，棚舍距离过长时可通过接力通风方式，保持棚内空气良好、栏舍干燥。同时，一般当环境温度高于30℃时应考虑采用通风设施缓解高温影响（忻悦，2019）。在养殖业中，通风主要分为自然通风和机械通风两种，自然通风一般依靠的是门窗、卷帘等，建造及使用的成本较低，不会受突发状况的影响，但是不易控制；机械通风可进行实时控制，但耗电多，成本较高，会受突发情况影响（刘苗苗等，2015）。

与此同时，饲料存放环境也应当要保持干燥通风，不适当通风的情况下，畜禽一旦采食发霉变质的饲料和饲草后，轻则出现腹泻、生长缓慢、营养不良等，严重者出现持续或间歇性发热、呕吐、咳嗽、气喘、关节肿、顽固性拉稀、便秘、脱肛、流产、假发情和死胎等。为避免霉菌毒素中毒给生产带来的危害，对霉变的饲草、饲料应进行废弃处理（忻悦，2019）。

五、光照

光照对肉羊的影响主要表现在繁殖机能上，但是对育肥效果也有一定的影响。连续的光照影响肉羊的生长和育肥。相关资料表明，在相同的采食量条件下，短光照制度和长光照制度相比，短光照组的肉羊增重速度要高于长光照组，并且公羊的体重要高于母羊。另外，光照强度对育肥效果也存在着影响，适当地降低光照强度，可以使肉羊的增重提高3%～5%，饲料的转化率提高4%（陈德忠，2016）。

光照是家畜生长、生产和繁殖的一个重要环境因素，是畜禽环境的重要组成部分，其信号可通过视网膜将神经冲动传递给下丘脑室交叉上核（Superior Chiasmal Nucleus，SCN），然后经过室旁核（Paraventricular Nucleus，PVN），最后传递到松果体（Pineal Gland，PG），促使PG分泌褪黑素（Melatonin，MLT），进而影响家畜的生理机能和生产性能（Malpaux等，1989）。光照是家畜保持良好生产和繁殖不可缺少的条件，对于反刍动物而言，更为重要。

季节性繁殖动物的繁殖活动受到多种因素的影响，如光照、温度、纬度、营养条件，其中光照起着重要的作用。奶牛虽然是常年发情动物，但与短光照相比，长光照可以对奶牛的繁殖性能起到促进作用，并且在冬季进行长光照会促使母畜发情和提高受孕率（朱荣康等，2017）；绵羊是季节性发情动物，性腺在光照时间逐渐缩短的秋季开始活动。光照信息以电信号的模式通过视神经传到SCN，经SCN调节，传到颈上神经节，再传至PG，使PG分泌MLT（李胜利等，2014）。MLT可以调控下丘脑—垂体—性腺轴上相关激素的分泌变化，最终影响绵羊的繁殖。如MLT刺激下丘脑分泌促性腺激素释放激素（Gonadotropin-Releasing Hormone，GnRH），促进垂体分泌促黄体素（Luteinizing Hormone，LH）、卵泡生成素（Follicle-stimulating Hormone，FSH），引起动物发情排卵（郭礼祥等，2012）。大量研究表明，MLT 参与绵羊 GnRH/LH 日变化的调节，在繁殖季节中，母羊血液中 MLT 与 GnRH/LH 的每日变化趋势存在着一定联系：日落后母羊血液中 GnRH 与 LH 浓度往往上升，如果在 14:00 注射 MLT，在 15:00-16:00 对血液中 GnRH 与 LH 浓度进行检测，可以发现它们的浓度也会上升；GnRH 与 LH 的浓度不仅存在着日变化，同时也存在着明显的昼夜节律性变化，夜间 GnRH 与 LH 浓度显著上升（Smith 等，1997）。该现象是绵羊及山羊共有的特性，这可能与夜间 MLT 浓度升高有关。但是有关这方面的研究报道结果往往不明确，例如在同一个试验中，在日落后绝大部分绵羊繁殖激素浓度有升高的趋势，但仍有部分羊繁殖激素变化没有规律性（张海容等，2005）。光照在繁殖期与非繁殖期对绵羊在繁殖上有不同的影响，特别是母羊，这主要由机体内部的调节机制在繁殖期与非繁殖期的差异引起的（Lincoln 等，1982）。机体内部存在 3 种调节机制，相互发挥作用以维持机体繁殖内分泌的稳定：①中枢神经系统对下丘脑分泌激素的调节：大脑皮层对机体内外环境信息进行收集与分析，再对下丘脑发出指令，下丘脑随之决定相关激素的分泌量与释放量；② GnRH 对垂体前叶 FSH、LH 合成和分泌的调节；③由上到下的正反馈调节与负反馈调节（张海容等，2008）。负反馈：乏情季节，血液中高浓度的雌激素（E2）会抑制 GnRH、FSH 和 LH 的分泌。正反馈：发情季节，高浓度的 E2 则会加强 GnRH、FSH 和 LH 的分泌。这 3 种激素的合成与释放是母畜排卵前 LH-FSH 形成峰值引起排卵的主要因素（王元兴，1993）

同时，在自然条件下，光照对于公羊和母羊有不同的作用，一般公羊的精液质量在秋季日照缩短的时间最高。如果人为地增加秋季的光照量，可以使其性活动和精液质量发生改变，精子活力、正常精子百分率、精子密度和精液总数都相对低于自然光照条件下的水平。光照对公羊精液质量的影响在品种之间有很大的差异。在集约化的饲养管理条件下，公羊精子生成的季节性变化较不明显。高纬度地区绵羊的性活动显著受日照长度的影响，配种季节通常始于昼长开始缩短之日。纬度越高，配种季节越短。在低纬度的热带和亚热带地区，由于全年光照比较恒定，母羊全年都可以发情配种。但是控制母羊的性活动的因素除了光照和温度外，还有其他的重要因素，如动物内在的生理规律和配种习惯等。我国的湖羊四季都可以发情，但在 6 月中旬到 7 月底日照最长、气温最高的时期配种最多（倪长虹，2016）。

第二节　肉羊营养需求与调控技术

一、饲料

肉羊养殖大多是靠饲喂饲料的方式进行饲养，所以对于肉羊养殖业来说，饲料是养殖的基础，也是行业发展的关键所在（刘美丽等，2019）。在肉羊饲养过程中，不仅要为肉羊营造良好的成长环境，还要做好饲料的管理与搭配，确保肉羊可以摄入足够的营养，这样才能提升肉羊品质，进而更好地满足消费者需求（邱爱斌，2019）。

饲料的选择颇具多样化，但首先要营养价值高，富含蛋白质、矿物质和维生素。其次，也要选择适口性好的饲料。粗饲料、精饲料、青饲料的选择要根据所饲养的肉羊的品种而定。常用的粗饲料有青干草、秸秆等，精料主要有玉米、高粱和大麦等，常用的青饲料主要是青草、胡萝卜等（孙永恒，2015）。

根据肉羊生长阶段配制不同的饲料来满足其对营养物质的需求，通常日粮中的蛋白质饲料占饲料的20%～25%，能量饲料占饲料的65%～70%，且要控制饲料精粗比例，通常精粗比例为4:6～6:4（熊兵，2021）。

如表4-1所示，羔羊阶段饲料配方的总蛋白质含量为18%，每千克饲料

表4-1　舍饲肉羊饲料配方（杨润等，2021）　　　　　　　　单位：%

饲料配方	羔羊期	育肥期		
		前期20 d	中期20 d	后期20 d
玉米	62.0	46	55	66
麸皮	12.0	20	16	10
豆粕	8.0	30	25	20
棉粕	12.0			
石粉	1.8	1	1	1
磷酸氢钙	1.2	1	1	1
食盐	1.0	1	1	1
尿素	1.0	0	0	0
预混料	1.0	1	1	1

消化能为 12.94 MJ。舍饲肉羊强度育肥前 20 d 饲料配方的总蛋白质含量为 18.5%，每千克饲料消化能为 12.87 MJ；中期 20 d 饲料配方的总蛋白质含量为 16.8%，每千克饲料消化能为 13.00 MJ；后期 20 d 饲料配方的总蛋白质含量为 15.0%，每千克饲料消化能为 13.20 MJ（杨润等，2021）。

在饲料的搭配与配比上要追求其种类的多样化，以此保证羊群的营养齐全，不同羊种所需要的营养成分不同，比如种公羊在非配种期与配种期的饲养标准就有所差异，在非配种季节要保障种公羊的能量供给、蛋白质供给以及矿物质、维生素的补充，所以在此期间每只种公羊需要喂食 1.5 kg 的饲料，其中要包含 150 g 的可消化蛋白质，其中还需要补充 0.5 kg 的混合精料、3 kg 的干草、0.5 kg 胡萝卜、5 g 的食盐。在配种期，种公羊在饲养管理中需要多补充蛋白质，因为精液、激素的分泌与组成也离不开蛋白质的供给，所以在配种时期需要加强对于种公羊蛋白质、维生素 A、维生素 E 的补充（赵芬，2017）。而羊羔则要保证其断奶时间，然后再对羔羊进行早期补料，所采取的饲料一般是全价颗粒料或是全价粉料。饲养管理时一般采取多餐少食，先喂粗料再喂精料的方式，饲料种类越多越能够满足肉羊的喜好与生长需求，所以需要丰富饲料的种类。一般饲喂时间要控制在 6:00、12:00 以及 18:00，这样有利于羊群消化、活动（孙超，2018）。饲养人员应做好肉羊的自繁自养，提高对妊娠母羊饲料管理重要性的认知。与普通肉羊相比，妊娠母羊舍饲饲料配比应合理控制，提升其营养性，避免喂食变质发霉等劣质饲料。同时，妊娠母羊应避免在群中饲养，避免母羊因顶撞导致流产（刘进，2018）。

在肉羊饲养的过程中，一定要确保有充足的饲草饲料供应，并且需要全年均衡供给，这样才能够形成高效养殖。肉羊的饲料主要可以分为精饲料和粗饲料这两种。粗饲料和精饲料之间存在一定的差异性，两者营养成分并不相同，每天都要给肉羊提供大量营养才能供其生长，如果在饲养过程中只是单一依赖某种饲料，则无法满足肉羊多元化的需求，所以要将多样化饲料定量喂食，这样能促使肉羊营养充足，让肉羊体重增加，增强肉羊食欲（张殿武，2018；应淑兰等，2019；于娜，2020）。粗饲料是肉羊必需的日粮组成部分，对肉羊舍饲饲喂具有重要意义，不仅能促进羊只胃肠蠕动，还能改善羊肉品质。粗饲料主要为干牧草、青草、多汁块根饲料和农作物秸秆等。首先要保障粗饲料种类丰富，可以利用人工牧草、树叶、农作物秸秆、农副产品等，为羊群提供多种粗饲料。秕壳和荚壳类粗饲料的适口性较差，羊只对其饲料利用率也较低，因此低质粗饲料占比不能过高。农作物秸秆是冬季饲喂肉羊的主要饲料来源，一般切短或粉碎后再饲喂给肉羊，也可在饲喂时加入适量糖蜜、维生素、矿物质一起饲喂给肉羊（杨润等，2021）。要想让肉羊有充足的营养，要给羊只提供优质的牧草，可以饲喂的牧草有紫花苜蓿、苏丹草、黑麦草、羊草、燕麦、无芒雀麦等，除此之外一些植物的根茎叶也都能作为肉羊饲料。多种饲料混合饲喂更容易实现营养均衡（熊兵，2021）。精饲料主要由 17% 的豆粕、80% 的玉米和 3% 的专用混合料组成，在必要时需要适量添加多种维生素和矿物质，矿物质则以锌、硒、铜、铁等为主。如果当地的土壤中缺乏微量元素，那么在饲喂肉羊的过程中则需要适当添加一些其他的矿物质。此外，在肉羊饲养的过程中，为了有效降低饲料的成本，养殖人员可以在肉羊的日粮中适当添加一些非蛋白氮，如尿素。通常情况下每日的添加量为 8 ～ 10 g（应淑兰等，2019）。饲料应当把握多样化的特性，要满足肉羊生长和繁殖的需求。饲料应充分利用当地可用的原料，配合精饲料进行饲喂。在饲喂中如果要改变日粮配方或者精饲料和粗饲料的配比，需要逐渐过渡，否则会引起应激反应，过渡期应当为 7 ～ 10 d。羊的饲喂应当采取少量勤喂的原则，这样可以减少饲料的浪费（王延磊，2020）。

肉羊品种很多，不同品种的肉羊对营养需求各不相同。种公羊配种前和配种后采用的饲养方式、标准也有所不同。在配种过程中，公羊需要摄入更多的营养，尤其要增加蛋白质，这样才能增加公羊的激素和精液。在配种过程中，应为种公羊提供大量的维生素 E、维生素 A 和蛋白质。蛋白质对公羊性机能有一定影响，蛋白质供给不足会造成公羊生殖器官发育迟缓，生精机能不足，应确保饲料含有充分的蛋白质，常用的蛋白质饲料包括豆饼、花生饼、豆科牧草等（邱爱斌，2019）。在肉羊饲养的过程中，一定要遵循少喂勤添的原则，一般情况下每天应当要分 3 次饲喂，每次饲喂的时间应当要间隔5 ～ 6 h（应淑兰等，2019）。

二、饮水

对肉羊来说，饮水不可缺失，保证饮水的充足、清洁卫生及羊群的自由饮水是非常重要的。肉羊饮水一般采取自由饮水。槽式饮水应保证全天有水，水要清洁、新鲜（张敏等，2019）。肉羊一旦缺水很容易造成脱水，因此每日要供给充足清洁饮水（许利民，2018）。

充足饮水是肉羊养殖的重点。每天都应保证肉羊的饮水量，充足饮水可以保证羊肠道的健康，有条件的羊场可在舍内安装自动饮水装置让羊自由饮水，如果条件不允许也应每天都至少饮水 2 ～ 3 次（谢英芳，2017）。充足饮水能使羊保持良好的食欲，有助于草料消化吸收。羊的日饮水量为 3 ～ 5 L，最大饮水半径为 2.0 ～ 2.5 km，夏季饮水次数应多些，秋冬季节可少些（依拉木等，2013）。一般舍内安装鸭嘴式饮水器，做到自由饮水。饮水器离料槽要有一定距离，避免其在饮水时水滴进入料槽。运动场设置水槽，经常清洗，保持饮水卫生。合适的水温有利于羊只的健康生长，为防止冬季饮水温度过低，舍内饮水器可采用锅炉或电热设备加热，运动场水槽适时添加温水；夏季水槽上方应有遮阳网，防止太阳照射导致水温过高（李勇，2014）。尤其在冬季，充足的补水能有效防止肉羊产生积食现象，杜绝因为便秘等消化系统问题引发肉羊死亡（张建林，2013）。羊喘息未定时不要急于饮水，以免引起呛水而造成肺炎（俗称炸肺）；注意提供足够的饮水器；因为饮水器具不够时，羊饮水拥挤会出现事故；不让羊过渴，因为羊喜清洁流动的河水、泉水及刚打出来的井水，但渴到极点时羊会饮用脏水或污水（依拉木等，2013）。

夏季高温季节，饮水槽应经常保持清洁且要使用温度较低的饮水，饮水内应添加食盐，浓度在 0.5% 左右，让羊自由饮水，以维持羊只机体内酸碱平衡。圈舍降温可结合消毒工作在 11:00—17:00 进行，可用高压喷雾器向羊舍顶部等处喷洒凉水进行降温，但要注意在湿度过大的闷热天气不宜使用喷水降温的方法（马军等，2009）。

冬季的羊舍室内温度需要控制在 5℃ 以上，冬季的早晚气温较低，可以在羊舍中喂羊，而中午的气温较高，能够在运动场内喂羊（刘忠琛等，2013）。冬季饮水可以适当减少，要控制饮水温度，避免饲喂冰冻水（熊兵，2021）。首先在冬季不能让羊喝到带有冰碴的冰水，且气候寒冷时晚间要将槽中水排放干净，以防结冻（张敏等，2019）。为了促进肉羊的食欲提升，利于对草料的消化吸收，应提供充足的钠元素，可以在水中加入一些食盐或者直接将食盐加入料槽中让其舔食，还可以均匀的拌入饲料中，一般是先直接舔食再喂饮水，其中每只每 3 d 食盐量应控制在 5 ～ 10 g，另外，保证每只羊的饮水量是 3 ～ 5 L/d，这样更有助于草料的消化与吸收，确保肉羊良好的食欲（于井斌，2020；马艳菲等，2010；李斌，2015；刘忠琛等，2013）。冬季怀孕的母羊要避免空腹饮水，最好是前晌放牧，后晌饮水（依拉木等，2013）。

三、兽药及饲料添加剂

（一）兽药使用管理

肉羊安全高效生产中需要提高羊群抗病力，减少疫病发生和感染，这样才能降低药物使用，提高羊肉产品的安全性和健康性。羊群一旦发病，饲养人员不能随意滥用抗生素，需要做好疫病鉴别，有条件的羊场通过实验室检验提高疫病判断准确性，日常饲养中可以混入适量中草药制剂，提高羊群的免疫力。根据《无公害食品肉羊饲养兽药使用准则》和农业农村部11种禁用于所有食品动物的兽药名单来合理选择药，严禁使用瘦肉精（如盐酸克伦克罗）、镇静药（如盐酸氯丙嗪）、激素类药（如苯甲酸雌二醇）、汞制剂、氯制剂等，同时不能将克百威、敌百虫等毒性较大的杀虫剂作为兽药，并根据上市时间合理制定休药期（古丽格娜等，2021）。

兽药是用于预防、治疗和诊断畜禽动物疾病，有目的地调节其生理机能并规定作用、用途、用法、用量的物质（含饲料药物添加剂），包括血清、疫苗、诊断液等生物制品、兽用中药材、中成药、化学原料药物及其制剂，抗生素、生化药品、放射性药品。

常用兽药包括三大类：①血清、灭活菌（疫苗）、诊断液等生物制品。②兽用的中药材、中成药、化学原料药及其制剂。③抗生素、生化药品、放射性药品。

动物产品中的药物残留来源主要有以下几个方面：①使用有休药期的兽药及药物添加剂的饲料后未遵守有关休药期的规定将产品出售。②使用了违禁或淘汰药物，药物使用方法不当，包括任意加大药物用量，随意使用抗生素或大量使用人用药物，给药部位和用药动物的种类等不符合用药规定，没有用药记录而重复用药等。③未按规定使用药物添加剂以及饲料加工过程中兽药污染。④被药物污染了的环境，如饮用水等通过食物链进入动物体内。⑤羊奶及其产品加工过程出现的污染。

使用兽药应遵循的规定：①兽药使用单位，应遵守农业农村部兽药安全使用规定，并建立用药记录。②不得使用假、劣兽药以及农业农村部规定禁止使用的兽药和其他化合物。③使用有休药期规定的兽药时，饲养者应当向购买者或者屠宰者提供准确、真实的用药记录，购买者或屠宰者应当确保动物及其产品在用药期、休药期内不被用于食品消费。④不得在奶山羊饲料和饮用水中添加激素类药物和农业农村部规定的其他禁用化合物。⑤经批准可以在饲料中添加的兽药，应当由兽药生产企业制成药物添加剂后方可添加。⑥不得将原料药直接添加到奶山羊饲料及饮用水中或者直接饲喂奶山羊。⑦不得将人用药物用于动物。⑧不得销售有违禁药物或者兽药残留量超过标准的产品。

（二）饲料及其添加剂管理

由于我国饲料行业发展迅速，除了基础日粮外，各式各样的饲料添加剂也涌入市场，养殖户为缩短养殖周期或提高瘦肉率或增强羊群抗病力，私用滥用瘦肉精、激素类和抗生素类药物现象屡有报道，严重损害了养羊业健康发展和食品安全。在正常饲养下，养殖户可以使用微生态制剂、酶制剂、中草药添加剂等绿色、无公害的饲料添加剂，这样可以提高羊群饲料转化率和饲料适口性，提高采食，促进增重。因此羊场需要根据《饲料和饲料添加剂管理条例》合理饲喂，保障羊群日常营养所需，饲料存放于通风良好的专门区域，并定期晾晒和检测饲料是否出现变质情况，饲喂前要做好饲料品质检测工作，严禁饲喂霉变、病原污染和冰冻的饲料。有条件的羊场可以建立饲料监控和检测实验室，定期对饲料品质进行实验室检测，通过聚合酶链式反应或致病菌分离鉴定等方法检测有毒有害物质，并对污染饲料进行无害化处理（古丽格娜等，2021）。

饲料添加剂为促进羊的生长发育，提高生产效率而使用的一类物质，养羊常用的饲料添加剂主要有瘤胃素，作用是控制和提高瘤胃功能，提高肉羊的增重速度和饲料转化率；杆菌肽锌是一种抑菌促生长剂，对于畜禽有促生长的作用，利用肠道消化吸收营养物质，可以改善饲料利用率，提高增重速度。在保证主要的营养物质充足、配比合理的前提下，还要注意一些微量元素的添加，尤其是食盐，对于维持畜禽的酸碱平衡、体细胞和血液间的渗透压非常重要，另外其他类型的添加剂也要合理的使用，注意用法和用量（杨淑萍，2021）。

目前，市场上的饲料添加剂主要成分有矿物质、维生素和氨基酸，这3类饲料添加剂都能帮助肉羊获取更多的营养物质，通常添加饲料添加剂后，肉羊日增重会提高40%～70%，能显著提高饲养效益。但目前我国对饲料添加剂的市场管控不太严格，所以在选择饲料添加剂时应选择大厂商的产品，避免选择小作坊或个人生产的添加剂（熊兵，2021）。

在饲料或动物饮用水中添加饲料添加剂，应当符合饲料添加剂使用说明和注意事项的要求，遵守农业农村部制定的饲料添加剂安全使用规范。养殖者使用自配料时，应当遵守农业农村部制定的自行配制饲料使用规范，并不得对外提供自行配制的饲料。禁止使用无产品标签、无生产许可证、无产品质量标准、无产品质量检验合格证的饲料、饲料添加剂。禁止使用无产品批准文号的饲料添加剂、添加剂预混合饲料。禁止使用未取得饲料、饲料添加剂进口登记证的进口饲料、进口饲料添加剂。尤其要注重饲料品质优良，严禁饲喂霉变结块的饲料；严禁饲喂单一的饲料；严禁饲喂含有天然毒素的饲料，如棉粕、菜粕必须经过脱毒处理；严禁不按羊只的生长发育规律随意饲喂配合饲料；严禁添加和使用国家规定的违禁物质饲喂羊只，使用含有药物添加剂时，严格执行休药期（秦占国，2009）。

近年来，随着我国饲料工业的迅猛发展，尤其是饲料添加剂（包含矿物质饲料添加剂、抗生素类添加剂、激素和催肥类饲料添加剂）的广泛应用，大大提高了养殖效益，但同时也出现了一些滥用添加剂造成羊肉产品中有害物质严重超标的现象，直接威胁人类的健康与安全，因此，要获得无公害羊肉，就必须使用无公害的绿色饲料和饲料添加剂（如酶制剂、微生态制剂、酸制剂等），禁止饲喂发霉和变质的饲料以及动物源性骨肉粉。使用抗生素添加剂时，要严格按照《饲料和饲料添加剂管理条例》的规定执行休药期。在生产条件控制方面，饲料生产企业应通过国家有关部门的审核验收，并获得生产许可证；企业的生产技术人员应具备一定的专业知识、生产经验，熟悉动物营养、产品技术标准及生产工艺；厂房建筑布局合理，生产区、办公区、仓储区、生活区应当分开；要有适宜的操作间和场地，能合理放置设备和原料；应有适当的通风除尘、清洁消毒设施。在原料质量控制方面，应制定比较详细、全面的饲料原料安全卫生标准，强化对霉菌毒素、有毒有害污染物的检验，禁止使用劣质、霉变及受到有毒有害物质污染的原料。在配合饲料生产中，应通过膨化与制粒工艺杀死原料中的细菌、霉菌（王建军等，2009）。在添加剂的种类及剂量控制方面，严格执行《饲料和饲料添加剂管理条例》，生产、经营、使用的饲料添加剂品种应属于农业农村部公布的《允许使用的饲料添加剂品种目录》中的品种，严禁违规、超量使用。在产品质量控制方面，饲料生产企业应按照饲料生产有关制度的要求，引入 HACCP 体系，建立起完整、有效的质量监控和监测体系。质检部门应设立仪器室、检验操作室和留样观测室，要有严格的质量检验操作规程；要强化有毒有害物质及添加剂的检测，对于有毒物质及添加剂含量超标的产品要严禁出厂，并及时查清原因，采取纠正措施；质检部门必须有完整的检验记录和检验报告，并保存 2 年以上。饲料标签必须按规定注明产品的商标、名称、分析成分保证值、药物名称及有效成分含量、产品保质期等信息（穆秀梅等，2010）。

第三节 肉羊健康需求与调控技术

一、人员管理

对于规模化羊场而言，人员的进出会带来传播疫病的风险。因此，人员的管理至关重要。规模化羊场的管理不仅涉及本场工作人员的管理，也包括了外来人员进出的管理（梅宗香，2015）。虽然现在智慧化养殖技术已经有了一定的普及，但是就目前而言，羊场的许多工作仍然需要人工操作，所以应当完善人员的防疫管理制度。

目前，规模化羊场的管理人员文化水平普遍有待提高。规模化羊场应当开展员工的专业技能培训，使员工具有一定的养殖专业技能，并且牢固树立"预防为主、防疫先行、防治结合、防重于治"的思想，不断提高饲养、免疫、消毒和防病治病的工作技能（刘相国，2020）。有条件的养殖场可以与其他羊场或者高校进行合作，定期派自己场内的员工去学习更先进的技术或者邀请专家到场内进行指导，这样可以提升场内管理人员、兽医技术人员和饲养人员的科技意识，培养疫病综合防治的能力（刘相国，2020）。养殖人员和管理人员进出羊场、生产区域需要严格履行严格的消毒程序，如登记、沐浴、消毒等，并且不得随意串舍。无特殊情况，羊场应该拒绝场外人员进入羊场（梅宗香，2015）。当场外人员进入羊场、管理区需要严格做好登记和消毒防疫。如果需要进入生产区，应当与工作人员一样做好消毒防疫工作。

二、卫生与消毒

规模化养殖场科学防疫工作非常重要，养殖人员应当积极采取有效措施来进行科学防疫，从而帮助有效减少疫病发生的概率。养殖场应该制定严格的消毒程序，让员工能够按照相应的程序严格执行。羊场的消毒工作是一个庞大的工程，包括饲料消毒、环境消毒、器具卫生消毒、体表消毒等。

（一）饲料卫生消毒

肉羊的饲料包括精料（玉米、豆粕、麸皮等）和粗饲料（草类、秸秆等）两类。储存精料的仓库应该保持通风、干燥、阴凉，最好可以在仓库内安装紫外线消毒装置，定期进行消毒杀菌（蔡喜佳，2019）。粗饲料的灭菌通常是借助物理方法，保持粗饲料的通风和干燥，经常翻晒有利于借助日光进行杀毒。对于青绿饲料，应该加强保鲜，建议制作成青贮饲料，严禁饲喂腐烂的青绿饲料。

（二）环境消毒

1. 圈舍、道路和其他建筑物消毒

规模化羊场环境的消毒可以有效地阻挡疫病的传播。环境消毒的原则是先打扫后消毒，畜舍的垃圾、粪便等废物应该先清扫、洗刷，以提高消毒效果。羊舍、道路、运动场、围墙、排便的地方可用漂白粉溶液、百毒杀、石灰乳、氢氧化钠等进行喷洒消毒（蔡喜佳，2019；杨秀敏，2017）。养殖场应该规定每月 1 ～ 2 次无死角、全方位的消毒，并且选择合适的浓度，以免造成浪费或者浓度不够。此外，对于挤奶厅、仓库、办公室、宿舍等辅助房舍，应按规定进行卫生消毒。对粪便堆积场所及排污设施等，应严格进行预防性消毒（蔡喜佳，2019）。

2. 土壤消毒

对于肉羊的养殖，圈舍四周留置一定面积的空地，作为肉羊的运动场所十分必要。运动场的设立可满足肉羊的日常活动需求，有益于肢体的健康（蔡喜佳，2019）。

运动场的场地分为泥土场地和水泥地等硬化场地。泥土场地的消毒方法通常有物理方法和化学方法。疏松土壤能够增强微生物间的拮抗作用，使其充分接受阳光紫外线的照射，以达到消灭病原微生物的目的。此外，化学消毒可有效消灭土壤中的病原微生物，常用的消毒剂有甲醛溶液、氢氧化钠等。

3. 器具消毒

料槽、水槽是肉羊畜舍内使用频率最高的器具，每天使用完均需要消毒灭菌，所选用的消毒药不能有太大的刺激味道，以免影响之后的使用。其他的器具不能串舍使用，使用完之后要及时清理干净，金属器械可通过煮消毒。

（三）体表消毒

羊寄生虫病是一种慢性的消耗性疾病，其种类繁多，分布范围较广，传播方式多，所引发的疾病给养羊业造成了巨大的经济损失。肉羊的体表消毒可以有效防治螨、蜱、虱子等寄生虫的危害（王英贺等，2016）。肉羊场应在夏、秋对羊只进行一次体表的消毒，针对蠕形螨采用碘酊涂擦皮肤，而对蜱、虻等可使用敌百虫等杀虫药剂喷洒体表（黄明，2015）。此外，药浴、涂擦、洗眼、点眼、阴道子宫冲洗等也是肉羊消毒的常用方法（图 4-3）。

图 4-3 羊药浴消毒

三、免疫接种

预防羊疫病最有效的方法是疫苗注射，疫苗可以最大程度避免疫病的传染，所以羊养殖场必须要做好疫苗免疫注射工作。在工作的开展过程中，需要根据养殖场的特点和实际情况制定完善的免疫制度（李云霞，2021）。羊场常见的病有羔羊痢、羊痘、羊口蹄疫、小反刍疫等，需要通过接种疫苗来提高羊的身体免疫力（表 4-2）。

表 4-2 肉羊免疫接种程序（王恒昌，2018）

分类	免疫时间	疫苗	预防疾病	接种方式	保护期	备注
羔羊	30 日龄	小反刍兽疫活疫苗	小反刍兽疫	颈部皮下	36 月	必须
	40 日龄	羊梭菌病多联干粉灭活疫苗	羊快疫、羊猝狙、羊肠毒血症、羔羊痢疾	后躯肌内或皮下注射	12 月	必须
	50 日龄	山羊痘活疫苗	羊痘	尾根内侧皮下注射	12 月	必须
育成羊	60 日龄	口蹄疫 O 型灭活疫苗	口蹄疫	颈部肌内注射	4～6 月	必须
	70 日龄	传染性胸膜肺炎氢氧化铝苗	传染性胸膜肺炎	后躯肌内或皮下注射	12 月	必须
	7 月龄	口蹄疫 O 型灭活疫苗	羊快疫、羊猝狙、羊肠毒血症、羔羊痢疾	颈部肌内注射	12 月	必须
	7 月龄	羊梭菌病多联干粉灭活疫苗	口蹄疫	后躯肌内或皮下注射	4～6 月	必须

四、粪污处理

粪污的处理一直是规模化养殖场面临的难题，大型的肉羊养殖场每日都会产生大量的粪污。据报道，一只肉羊全年会产生 750 ～ 1000 kg 的粪便（李建党等，2016）。粪便的及时处理不仅可以给肉羊提供一个舒适的环境，而且可以降低疫病的传播风险。

规模化肉羊场常见的粪便清理方式有两种，即人工清粪和机械（刮板）清粪。人工清粪仅适用于规模化较小的羊场，而刮板清粪适于规模化羊场，可节省劳力。研究表明，漏缝地板—刮板系统可有效降低冬夏季羊舍内的氨气、二氧化碳和甲烷等有害气体浓度（蔡丽媛等，2015）。此外，值得注意的是刮板清粪耗电量大，且拖拉刮板所用的绳索容易磨损，使用寿命一般不超过 2 年，在国内的使用和推广受到了限制。因此，为提高刮粪板的清粪效率，畜舍的长度不宜超过 80 m（孙新胜等，2019）。

五、病死羊处理

病死羊尤其是死因不明的羊只存在极大的疾病风险，若是随意处理，死尸携带的病原微生物会增加传染病的流行（郭立民等，2007）。病死羊的处理方式有深埋处理、焚烧处理、自然分解发酵法、化制法处理、高温生物降解处理等。

1. 深埋处理

掩埋法是处理病死畜的一种常用方法，可靠且简便易行。深埋处理的前提是要选择合适的深埋场地，场地应选择在远离居民生活区、畜禽养殖区、水源地，要求地质稳定，且位于居民生活区的下风处，在生活取水点的下游地带，避开雨水的汇集地，且方便病死畜禽的运输和消毒杀菌。将畜禽掩埋后，需要撒入大量的生石灰等消毒药品，所覆土的深度应距离地面 1.5 m 以上（杨李金，2015）。但深埋法的缺点值得我们去注意，土壤微生物的分解作用缓慢，一些未被及时分解的病原菌在土壤中扩散，会对土壤和地下水造成二次污染。传染性较强和病原抗性较强的病死畜不适用这种方法（邱晓霞，2021）。

2. 焚烧处理

病死肉羊的焚烧处理是一种传统的焚烧方式，只有在不适合用掩埋法处理动物尸体时使用。直接焚烧法是利用焚烧炉对畜禽尸体进行高温分解，对产生的高温烟气经过二次氧化，剩余的灰渣排出后掩埋（邱晓霞，2021）。焚烧法一次可以对大量病死畜进行处理，收集的热能可以进行二次利用。

3. 自然分解发酵法

自然分解发酵法是建造一个容积足够大的具有密封盖的水泥池井，池底不需要铺水泥硬化，把病死畜禽投进池井中，再用密封盖封紧井口，让病死畜禽尸体利用生物热的方法进行自然分解发酵过程，以达到无害化处理的目的。虽然这种方法的前期投入成本较高，但是利用自然分解是无害化处理病死畜禽最环保的节能方法，处理的效果也比较好，这种方法适合大量集中处理病死畜禽（杨李金，2015）。

4. 化制法处理

化制法处理是指将病死动物尸体投入水解反应罐中，在高温、高压等条件作用下，将病死动物尸体消解转化为无菌水溶液（氨基酸为主）和干物质骨渣，同时将所有病原微生物彻底杀灭的过程。为国际上普遍采用的高温高压灭菌处理病害动物的方式之一，借助于高温高压，病原体杀灭率可达99.99%。化制法处理的优点是处理后的成品可再次利用，实现资源循环利用；但缺点是所需设备的投资成本高、占用场地大、产生的废液需要进行二次处理（杨李金，2015）。

5. 高温生物降解处理

高温生物降解处理是生物降解法与化尸窖法两者结合优化所得的方法。在处理过程中全程实行自动化，操作简单，设备占地面积小，不产废水和废气，无异味，不污染环境，不需高压和锅炉，无安全隐患，不影响居民的生活，同时该技术运行成本低，可有效地减少因处理费用过高或操作复杂等因素导致的尸体乱扔现象，达到无害化处理成本低、病死畜体积减量化的目的（薛瑞芳，2012）。目前，高温生物降解处理在部分地区已经在推广使用，并取得了不错的生态效应和应用效果（朱红军，2019）。

第四节　肉羊运输与屠宰福利技术

动物福利是指满足动物的基本生理、心理、自然需要，科学合理地对待动物，减少不必要的痛苦。动物福利有多种多样的解释，目前比较认可的是世界动物卫生组织（WOAH）在动物法典里面提出的 5 大自由原则：一是享受不受饥渴的自由的问题；二是有舒适的生活环境；三是表达天性的自由，即环境设施；四是不受痛苦、伤害和疾病，即及时地进行疾病防治；五是生活无恐惧，没有悲伤感，即在运输过程中、屠宰过程中让动物自然去世，自然屠宰，没有恐惧。这些事实上在集约化养殖过程中都有考虑，只不过养殖者更多的是从生产效益这个角度考虑，没有从动物本身的角度来考虑，动物福利事实上对畜牧生产来讲，就是畜牧生产者给动物提供一个舒适的生活设施环境，良好的饲养管理，科学、有效的疾病防治，加上人道运输、屠宰，这就是现在提倡的农场的动物福利（靳卫平等，2018）。随着我国食品消费与国际市场的逐步接轨，人民生活水平的不断提高，人们对动物产品提出了更高的要求，除了其质量合格及价格合理外，更要求在饲养、运输和屠宰等过程中给予动物一定的福利，这不仅是从人道主义的角度考虑，更是从另一侧面对动物产品质量提出了更高的要求。然而，我国许多畜牧兽医工作者对这方面还缺乏了解，对动物福利即动物善待不够重视。

随着我国养殖规模扩大，养殖环节中动物福利问题已经受到广泛关注，应激的关注范围也趋于广泛。其中，肉羊运输带来的福利问题得到了更深入的研究，畜牧行业主要以较为灵活的公路运输为主，大部分动物及动物产品要进入流通环节，公路运输占整个流通量的 97% 以上（范沿沿，2014）。另外，动物福利在屠宰行业中推广与实施旨在倡导人道屠宰理念，规范人道屠宰技术要求，从而推动我国屠宰加工行业持续健康发展，在竞争日益激烈的国际肉类市场中树立中国肉类生产强国的国际新形象。

一、肉羊屠宰与福利

我国首部畜禽养殖和屠宰福利标准已经启动制定，据了解，这一标准由中国兽医协会携手 30 余家行业内领先的养殖企业、屠宰企业、食品深加工企业、餐饮企业共同制定，具体内容包括对畜禽的饲养管理、畜舍环境、疫病防控、行为表达、人员操作要求、宰前处置、击晕和刺杀放血等方面设置技术参数，以确定养殖和屠宰环节的基本福利要求。这也将成为我国畜牧兽医领域首部涵盖生猪、肉鸡、蛋鸡、肉羊、肉牛、奶牛六大畜种的农场动物福利行业标准。总之过度保护人类自身的眼前利益是一种缺乏长远目光的表现，动物福利立法是人类对于自然界观念的更新，是社会文明进步的象征。

在屠宰过程中，不乏一些值得警惕的例子。屠宰场对动物强行灌服大量的水，企图使羊肉中水分增加以牟取暴利。据调查，注水羊大部分被活活撑死；更有肉品生产企业用锤子击昏肉羊后迅速打开胸腔，趁心脏还在跳动用连有皮管的圆锥形的铁管插入心脏，然后开动水泵将水通过动脉注入羊全身的毛细血管并使其胀裂，而使羊肉注水量大大超出正常范围（杨丽芬等，2011）。这种虐待动物的极端方法，其结果一方面对动物造成了巨大的痛苦，另一方面所提供的肉产品也直接威胁到人的健康，都是生产企业违背良心的违法行为。

重视屠宰动物福利，不仅可以减轻畜禽被宰杀时的痛苦，还可以减少畜禽应激，提高肉品质量，加大我国畜禽产品出口竞争力。目前，我国在这一领域还存在诸多缺陷，今后应进一步加强研究，使动物的生产性能和福利得到最大限度的发挥。

（一）人道屠宰

人道屠宰的开展程度客观地反映了一个地区或一个公司的屠宰技术水平与肉品质量的好坏。人道屠宰指减少或降低动物压力、恐惧和痛苦的宰前处置和屠宰方式。人道屠宰就是要改善屠宰环节的动物福利。它针对屠宰的整个过程，不仅仅是宰杀方式。包括卸车、驱赶、待宰、电击、刺杀。从广义来讲，人道屠宰包括动物的运输、装卸、停留待宰以及宰杀过程，采取合乎动物行为的方式，以尽量减少动物的紧张和恐惧。最基本的要求是在宰杀动物时，必须先将动物"致昏"、使其失去痛觉、再放血使其死亡。通俗地说，就是对将死的动物也要实行人道主义，对动物多一些善待（赵中华，2020）。

（二）屠宰过程中动物福利的基本要求

（1）宰前的处置和设施应尽量减少动物的应激，肉羊经过装车前、卸车后及长途运输，容易产生应激反应，应激反应对肉品质有一定影响；为待宰肉羊提供足够的房舍空间或栖息场所，能够舒适地休息和睡眠，使其享有不受困顿与同类动物伙伴在一起表达天性的自由；提供适当的清洁饮用水使其保持健康精力不受饥渴的自由；提供良好的条件和处置环境，使其享有生活无恐惧感和悲伤感的自由。

（2）训练有素、关爱动物的工作人员，在屠宰环节，善待动物，按有关标准规定实施人道屠宰。

（3）适合的、能达到预期效果的设备。

（4）快速使动物失去知觉和意识。

（5）保证到死亡前都不会使动物苏醒。

（6）加强对屠宰企业的监督，屠宰企业应严格按照国家标准规定操作，加强诚信自律，同时还要接受同业协会以及社会监督。

羊屠宰加工工艺流程如图 4-4 所示。

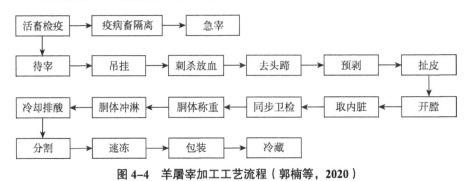

图 4-4　羊屠宰加工工艺流程（郭楠等，2020）

动物福利体现了人与动物协调发展的趋势。动物福利在屠宰时的实施是一项长期艰巨的工作。除了制定和完善相关法律法规外，还要引入先进的 HACCP 管理体系生产安全肉制品；对大众进行广泛的科普宣传，培养全民族理性、成熟的消费观念；并对相关企业实施善待动物信用管理，强化社会监督（文美英等，2010）。

（三）动物福利与屠宰的肉品品质

引起屠宰后肉品质不良的因素主要有不良的人员操作、不合适的设施设备、不良的环境（例如，过冷、过热、混群、拥挤、缺水、缺食、陌生环境、限制、隔离、噪声等）、疾病等。非人道的宰前处置导致的应激可以造成肉品出现两种不同的状况：白肌肉（PSE）和黑干肉（DFD）。PSE 通常见于猪肉，肉色灰白，肉质柔软，表面潮湿或有水分渗出。在世界范围内，各种不同的研究普遍认为出现 PSE 肉的百分比通常为 10% ~ 20%。屠宰过程中的急性应激会导致 PSE 肉的产生。由于水分的损失，PSE 肉使得胴体产量下降，而且肉做熟之后吃起来口感比较干。黑干肉肉色黑，肉质硬，表面干。DFD 在所有动物中都有发生。出现百分比通常为 10% ~ 35%。屠宰前长时间应激会导致 DFD 肉产生。运输、争斗、疲劳、混群和其他的刺激会导致肌肉葡萄糖的消耗并使之在屠宰时耗尽。DFD 肉加工价值很低，用它加工后的产品味道不好。其腐败变质的概率也较高。采用人道屠宰方式屠宰不仅可以减少被宰动物的痛苦，而且还能使肉质更鲜美。不恰当的屠宰方式会降低肉品品质。研究表明，令动物产生恐慌会造成畜禽的应激反应，出现白肌肉（肉的颜色发白、质软、出水）或黑干肉（肉色黑、肉质硬、表面干）。人道屠宰不仅能提高畜禽的肉品质，而且能让人们吃到口感更好的肉质食品。

（四）伤残动物的处置

从动物福利和公共卫生的要求而言，动物到达屠宰场时应该完好、无损伤、无疾病、无应激。卸载时应对那些在健康方面不理想的动物做出判别并对其进行适当的处置。在卸装点可有效地对动物群体进行观察。兽医或待宰圈负责人应该能够挑出不健康的动物并懂得如何对其进行处理。伤残动物主要有以下特征：瘦弱、安静、昏睡、体形偏小或发育不良、呼吸困难或急促、有肿块或疝气、腿瘸或骨折、开放性伤口或皮肤损伤、感染性疾病等。

1. 卸车处置

伤病动物在不需要帮助能自己走下运输车时，必须被转移到指定的伤病区；如果没有外界帮助，动物不能走动，但其可以被两人提起并用拖车或木板帮助其移动，同时又不会引起额外的痛苦，这时一定不能采用拽头、耳朵、蹄、尾巴或身体其他部位来移动伤病动物，否则可能给动物造成极大的痛苦；移动一头严重应激的动物会带来不必要的痛苦，必须采用合适的急宰方法（在车上结束动物的生命）。

2. 待宰处置

工人应监控待宰圈中动物的福利状况。发现受伤、有病的动物，视情况可进行以下的选择性处理：在不给动物带来痛苦的前提下，将畜禽转移到伤病区或隔离区；如果圈内混有不健康的动物，那么移走圈里的健康动物，对不健康的动物进行当场宰杀或移到别处进行急宰。

3. 伤病动物的屠宰

伤病动物可能需要在每一轮生产过程最后进行处理。在一天宰杀生产过程中单独划出一段或几段特定时间来对伤病动物进行宰杀。待宰圈负责人必须经常观察伤病动物，当发现伤病动物的情况开始恶化时，应立即转移并急宰或将其在圈里宰杀。

（五）宰前静养的福利管理

动物宰前静养是指在畜禽到达屠宰场后，在屠宰之前的一段时间内停止喂食，但给予充足的饮水，让动物得到充分的休息，减少动物产生应激反应的一种改善动物福利和肉品质的手段。宰前静养管理能够让动物有机会得以休息并能从运输产生的疲劳中恢复过来，短暂静养时间内不能使动物完全适应新的环境。静养应为 12～24 h，给予充分的饮水，宰前 3 h 停止饮水可以提高动物福利、提高肉品质、减少 PSE、DFD 肉比例。

（六）麻电与刺杀放血的福利管理

麻电致昏的目的是使动物快速失去意识，并保证这种无意识状态持续足够长的时间，直到其胸部的主要血管被割断使动物死去。麻电致昏的效果是暂时的，所以要保证这种无意识状态延续的时间足够长。为达到有效击晕，必须紧紧地将电极放置在头部，保证电极横跨大脑的两边，使电流经最短路线穿过头骨进入脑部。绝不能使托胸三点式自动麻电器横跨在嘴或下巴处，应放置在准确的位置，从而防止动物遭受不必要的疼痛。如果首次击晕失败，应该立刻对动物进行再次击晕，要注意不能将动物电死，应保证畜禽在麻电后心脏仍跳动或者让动物处于昏迷状态，如果麻电时将其电死，则会严重影响畜禽的肉品质。

一般电击后动物进入无意识、无知觉的状态，且这个状态维持时间很短暂。为了确保动物的无痛苦死亡，并防止其再次苏醒，必须在其被击晕后立刻进行放血。应尽量在击晕后 10 s 内进行放血，会更安全、更容易、更准确。但由于设备和人员的原因，刺杀时间最长不能超过 15 s。刀口要正、准，不得割破食管和气管，不得刺破心脏造成呛嗝、淤血，以减少血肉的生成。

二、应对屠宰应激的措施

动物福利体现了人与动物协调发展的趋势。动物福利在应对屠宰时动物应激的措施是一项长期艰巨的工作。除了制定和完善相关法律法规外，还要引入先进的 HACCP 管理体系生产安全肉制品；对相关企业实施善待动物信用管理，强化社会监督。只有改善动物的生存条件，减少动物死亡的痛苦，才能更好应对屠宰时发生应激的动物福利问题。

随着社会经济发展，人民生活水平日益提高，对肉制品的需求由数量逐渐向符合动物福利要求的质量型转变。动物福利的出发点是使动物在舒适的状态下生存，在无恐惧、无痛苦的状态下死去（杨莲茹等，2004）。选择适合肉羊的屠宰致晕方式成为保护动物福利的关键，不同屠宰方式使羊肉应激程度不同，较小的应激可改善肉质、降低汁液与熟肉损失率，一定程度上还可提高屠宰企业的经济效益。常见的屠宰方式包括机械致晕、电致晕及气体致晕（黄继超等，2013）。研究表明，较机械致晕和 CO_2 致晕，电击晕方式方便并相对安全，电击晕技术在畜禽等屠宰过程中被广泛应用，也是欧盟法律规定的强制性致晕方式。闫祥林等（2018）研究传统抹脖子屠宰与电击晕屠宰方式对新疆多浪羊肉品质的影响，结果表明，127 V 电击晕条件下屠宰的肉羊较抹脖子屠宰应激反应小，且肉品质也优于传统屠宰方式。已有研究比较不击晕、电击晕及 CO_2 致晕对动物应激及动物肉品质的影响，结果表明，电击晕与 CO_2 致晕屠宰对动物应激反应与动物肉品质的影响小于不击晕屠宰（赵慧等，2013）。研究表明，采用传统直接抹脖子方式屠宰会增加肉羊的应激反应和痛苦，既违背动物福利也降低肉制品品质。

（一）3 种不同屠宰方式的应激影响

在我国大部分地区，肉羊屠宰均采用传统抹脖子屠宰法（图 4-5），也采用作坊式掏心式屠宰，但对其研究及报道较少。有研究主要以血液指标和肉品质作为评价指标，针对抹脖子、掏心式及电击晕 3 种不同屠宰方式对肉羊的应激进行研究，以此为屠宰行业确定降低应激影响的屠宰方式提供数据支持。

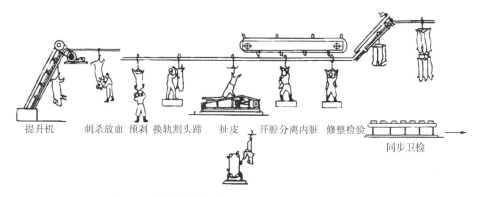

提升机　刺杀放血　预剥　换轨割头蹄　扒皮　开腔分离内脏　修整检验　　同步卫检

图 4-5　传统的羊屠宰加工工艺流程（潘满等，2016）

1. 屠宰方式对肉羊血液应激指标的影响

血液生化值是反映肉羊等畜禽动物对外界应激表现的重要指标。其中皮质醇（COR）含量、肌酸激酶（CK）和乳酸脱氢酶（LDH）活性是反映肉羊经历应激的程度和能量代谢强度的重要生化指标（赵慧等，2013）。肉羊在经历外界拉伸、惊吓等条件下产生应激反应，随之肉羊血液中 LDH 和 CK 活性及 COR 含量提高，下丘脑 – 垂体前叶 – 肾上腺活动加剧，机体神经内分泌系统快速应答，致使血液中这 3 种生化指标与肉羊受到应激的强度成正比，即应激越强，COR 含量与 CK、LDH 活性越高（姜喃喃等，2015）。

机体受到一定程度的应激反应，导致其心率及呼吸频率增加，可能破坏机体内环境的相对稳定，促使体温上升。研究表明，相比掏心式与电击晕屠宰，传统抹脖子屠宰后肉羊血液温度最高，而电击晕组肉羊血液温度低于掏心式屠宰，说明传统屠宰方式引起的肉羊应激反应高于电击晕（表 4-3）。随着应激变化，激活下丘脑—垂体—肾上腺轴系统，进一步引起血液中皮质类激素的变化，血浆中促肾上腺皮质激素（ACTH）和 COR 含量均随着应激强度增加呈现不同程度的上升。掏心式屠宰、电击晕屠宰和传统抹脖子屠宰 3 种屠宰方式下，ACTH 和 COR 含量差异显著（$P<0.05$），掏心式和抹脖子屠宰组显著高于电击晕组（$P<0.05$），说明电击晕致晕屠宰显著降低了肉羊屠宰时的应激强度。当动物心肌与骨骼肌等组织遭到破坏时，胞内的 LDH 与 CK 将会渗透到胞外，因此胞外 LDH、CK 的活力高低常被用作监测动物受应激强度的指标（吴小伟等，2015）。抹脖子组 LDH 活力显著高于掏心式与电击晕组（$P<0.05$），掏心式组高于电击晕组，但差异不显著（$P>0.05$），且电击晕组 CK 活力显著低于其他 2 组。以上试验数据表明，传统抹脖子屠宰方式对肉羊的惊吓及应激伤害远高于电击晕组，采用电击晕屠宰方式可减少肉羊应激反应，符合动物福利要求。龙定彪等（2014）研究发现，电击晕屠宰方式使动物血清中的 CK 和 LDH 活力分别降低 28.7% 和 9.9%，这均与本研究结论一致。

血糖（GLU）与血乳酸（LAC）作为体内代谢过程中的重要物质，其含量高低可反应机体能量变化及受应激程度。研究表明，肉羊的血糖含量变化为抹脖子组＜掏心组＜电击晕组，血清中 LAC 含量变化恰与 GLU 含量变化相反，表现为抹脖子组＞掏心组＞电击晕组。分析原因可能是肉羊在屠宰时由于紧张、惊吓、拉拽等应激反应加速糖酵解，肌肉无氧呼吸致使 GLU 酵解为 LAC，促使 LAC 含量快速增加，且抹脖子造成的肉羊应激反应最大，电击晕组的应激反应在 3 组中最小。

表 4-3 屠宰方式对肉羊血液应激指标的影响（王德宝等，2019）

指标	屠宰方式		
	抹脖子	掏心	电击晕
血液温度 /℃	33.43±0.38[a]	33.10±0.40[a]	32.58±0.25[a]
GLU 含量 / (mmol/L)	5.34±0.10[a]	6.23±0.25[b]	7.63±0.36[c]
LAC 含量 / (mmol/L)	17.75±2.35[b]	17.56±1.42[b]	14.32±0.56[a]
LDH 活力 / (U/L)	678.34±20.43[b]	435.28±16.28[a]	410.12±23.12[a]
ACTH 含量 / (pg/mL)	7.25±0.36[c]	6.46±0.45[b]	5.78±0.23[a]
COR 含量 / (ng/mL)	180.85±1.52[c]	135.24±2.45[b]	120.12±3.26[a]
CK 活力 / (U/L)	1945.34±40.18[c]	1800.45±57.00[b]	1000.76±25.82[a]

注：同行肩标相同小写字母表示差异不显著（$P>0.05$），肩标不同小写字母表示差异显著（$P<0.05$）。下同。

2. 屠宰方式对羊肉食用品质的影响

动物屠宰前肌糖原含量及屠宰后糖酵解速率和程度决定肌肉中 LAC 含量及 pH 值的变化，最终对肉品蒸煮损失、滴水损失、嫩度、色泽、蛋白质降解及脂肪氧化造成影响。食用羊肉既可补充人体所需营养，也可降低人体血液中乳酸、尿素等酸性物质的含量。研究显示，羊肉的 $pH_{45\,min}$ 均高于 7.0，偏碱性。比较 3 种屠宰方式，电击晕组 $pH_{45\,min}$ 为 7.18，高于传统抹脖子及掏心式屠宰的 7.11 和 7.04（王德宝等，2019），原因可能是电击晕屠宰对肉羊瞬间致晕，相比传统屠宰方式，降低了肉羊在屠宰过程中遭受应激的程度，从而降低肌肉糖原的降解速率。电击晕组羊肉的 pH 值下降缓慢，$pH_{45\,min}$ 高于其他 2 组（$P>0.05$）。

动物宰后 45 min 的 pH 值与滴水损失显著相关，滴水损失是衡量肌肉品质的重要理化指标，值越小则肌肉系水性就越高，肉质的蒸煮损失及嫩度也越高（王德宝等，2018）。对比 3 组羊肉的滴水损失，表现为电击晕组（2.63%）>抹脖子组（2.26%）>掏心组（2.03%），且差异显著（$P<0.05$），电击作用导致肌肉纤维蛋白质性质发生较为激烈的变化，原因可能是掏心式与抹脖子屠宰使得肉羊肌肉处于紧张状态，肌肉蛋白网状结构相对稳定，致使水分不易流出，因此羊肉滴水损失较小（张文红等，2006）。较高的滴水损失表明羊肉对水分的束缚能力较小，因而其蒸煮损失也会随之发生变化，滴水损失越高其蒸煮损失将越低，这与表 4-4 中的研究结果相呼应，蒸煮损失表现为掏心组>抹脖子组>电击晕组。

肉的嫩度是消费者关注的重要品质指标之一，肌肉剪切力与嫩度呈负相关，其变化反映肉的嫩度。研究显示，抹脖子组羊肉的剪切力高于电击晕组，与掏心组差异显著（$P<0.05$），而掏心组与电击晕组差异不显著。闫祥林等（2018）对不同屠宰方式对新疆多浪羊品质影响进行研究，结果表明，电击晕处理能够使成熟 7 d 后的羊肉嫩度有所改善。由于肌肉中渗出的水分分布于表面，导致表面游离水增多，从而反射光加强、肉的 L* 增大，且滴水损失增加会造成肉色发白。比较 3 组羊肉的色差变化（L*、a*、b*），抹脖子组与电击晕组 L* 高于掏心组，这与抹脖子组和电击晕组滴水损失较高呈正相关。电击晕组 a* 高于其他 2 组，但差异不显著（$P>0.05$）。b* 在一定程度上反映脂肪黄度，也可作为脂质氧化的指标，抹脖子组 b* 显著高于其他 2 组（$P<0.05$），可能表明排酸过程后 2 组肉羊抗氧化酶活性高于抹脖子组。

表 4-4　屠宰方式对羊肉食用品质的影响（王德宝等，2019）

指标	屠宰方式		
	抹脖子	掏心	电击晕
pH_{45min}	7.11 ± 0.02^a	7.04 ± 0.01^a	7.18 ± 0.10^{ab}
pH_{24h}	5.84 ± 0.02^b	5.75 ± 0.03^a	5.85 ± 0.01^b
蒸煮损失率 /%	58.95 ± 1.98^a	60.52 ± 1.11^a	58.50 ± 0.99^a
滴水损失率 /%	2.26 ± 0.94^b	2.03 ± 0.60^a	2.63 ± 0.83^c
剪切力 /N	114.10 ± 6.65^b	97.37 ± 2.59^a	103.31 ± 15.13^{ab}
L*	36.90 ± 1.10^a	35.11 ± 0.90^a	35.95 ± 2.62^a
a*	17.84 ± 1.03^a	17.56 ± 0.84^a	18.45 ± 1.41^a
b*	4.17 ± 0.70^b	3.77 ± 0.55^a	3.66 ± 0.64^a
总氨基酸含量 /（umol/mg 蛋白）	3.30 ± 1.11^a	3.89 ± 0.82^a	4.07 ± 1.46^a

王德宝等（2019）从血液应激及羊肉品质指标 2 个方面评价常用的 3 种不同屠宰方式对蒙古羊应激及羊肉品质的影响。结果表明：经电击晕后屠宰的蒙古肉羊的激素应激指标数值均低于抹脖子屠宰及掏心式屠宰，可知电击晕方式对肉羊造成的应激反应小于前 2 种方式，较符合肉羊屠宰福利要求；电击晕组羊肉滴水损失高于抹脖子组和掏心组，蒸煮损失低于上述 2 组，但差异不显著（$P>0.05$）；电击晕组羊肉 a* 高于抹脖子组和掏心组；掏心式与电击晕屠宰有利于提高羊肉中不饱和脂肪酸（UFA）含量，比较屠宰经济效益，电击晕屠宰更为省事、方便且安全。

相比前 2 种屠宰方式，电击晕屠宰效率高，对肉羊造成的应激反应小，部分食用品质优于抹脖子屠宰。因此，在一定程度上电击晕屠宰可以提高肉羊屠宰企业的经济效益，满足动物福利要求。

（二）具体应对措施

任何产业的发展都会有一些制约条件，这些条件会限制产业发展于一定的状态，条件转变状态也会转变。找到制约南方肉羊产业发展的局限条件和突破这些条件的措施和方法，对推动产业发展至关重要。动物福利在屠宰行业中的推广与实施旨在倡导人道屠宰理念，规范人道屠宰技术要求，提高屠宰人员操作技能，从而推动我国屠宰加工行业持续健康发展，在竞争日益激烈的国际肉类市场中树立中国肉类生产强国的国际新形象。

1. 屠宰前处理

（1）屠宰前休息。

畜禽在运输时，由于环境的改变和受到惊吓等外界因素的刺激，容易过度紧张而引起疲劳，因此屠宰前的休息十分重要，等待屠宰的时间一般不宜超过12 h，最好有2～3 h的休息时间，使动物从运输应激中得以恢复（陆承平，2004）。如果等待时间过长，重组后的个体由于互不相识，易发生争斗。争斗不但会使动物产生应激反应，还会导致身体部位的损伤而影响胴体品质。同时，经过休息，畜禽胃肠内的残留饲料能够被充分消化，转变为机体有用的营养物质，使肌肉中糖原含量趋于平衡稳定，进而保证肉品质量。

（2）屠宰前淋浴。

宰前淋浴有四个优点：一是可以降低体温；二是可以缓解畜禽在运输途中因不适应环境所发生的各种应激反应，使畜禽更加安静，减少打斗行为，便于击晕操作；三是可以清洁畜禽体表，减少气味及屠体在加工过程中的污染；四是可以保证取得良好的放血效果。淋浴时间以3～5 min为佳，水温最好控制在20 ℃左右，这样有利于宰杀放血和肉品质量（丁松林等，2008）。

2. 训练有素、关爱动物的工作人员

要选择关爱动物，责任心强并有一定专业知识的人员，对其进行上岗前的培训，使他们掌握畜禽的基本生物学行为和科学人道的屠宰方法。例如，工作人员驱赶动物时应有耐心，禁止殴打动物，避免对动物的人为损伤；驱赶动物时杜绝使用硬器，也不允许出现脚踢等野蛮动作，可以使用赶羊拍或电击赶羊棒等。电击晕动物时要注意方法，电压过高或麻电时间过长，会引起畜禽呼吸中枢和血管运动中枢麻痹，导致心力衰竭，心脏收缩无力而致呛血放血不全，在后续过程血水容易渗透，出现血点、血肉等不良现象。因此，为保障肉品质量，屠宰加工企业应对工作人员进行培训，使其了解屠宰动物福利与肉品质量的关系，避免因操作不当造成动物皮肤损伤、骨折和高的PSE肉发生率。

3. 待宰设施

待宰设施包括地面、通道、待宰圈、击晕间等。这些设施的布局和构造是宰前处置过程中使动物所受应激最小化的关键因素。

（1）地面。

地面应防滑，避免动物因站立不稳而减慢速度或不愿前行。同时，动物在陌生地面上行走会感到不安，如饲养于网眼型地面的动物会对水泥地面产生警觉并变得小心谨慎。

（2）通道。

通道要宽，两侧应为不透明的墙体，尽量减少拐弯。当动物看到同伴向前移动的时候，它会被驱使着自觉跟着移动；墙体表面最好保持整体上的一致，两侧不透明的墙体可以防止动物被干扰或受到惊吓。

（3）待宰圈。

实践经验表明，长窄型带有不透明墙体的圈舍是科学的。一是可以有效地使动物进行移动；二是墙体面积与地面面积在比例上达到最大值，可以减少动物应激；三是圈舍之间不透明墙体可以减少动物争斗。

（4）击晕间。

理想的击晕间应该与圈舍或驱赶通道沿直线相连，这样可以使动物有足够的空间自由地移动至击晕间。

4. 快速屠宰动物方法

为保障动物福利和肉品质量，通常在屠宰前将动物击晕。常用方法有电击晕和气体击晕。

（1）麻电击晕。

麻电击晕是利用一定强度电流在很短时间内将动物电击致昏的操作，也是目前使用最广泛的方法。电击时电流、电压的强弱直接影响畜禽福利及肉品质量。适当的电流通过畜禽脑部造成实验性癫痫状态，引起畜禽心跳加剧，全身肌肉发生高度痉挛和抽搐，可达到良好的放血效果。电流不足则达不到麻痹感觉神经的目的，使应激反应加剧。为克服电击所致的淤血、出血现象，国内外都在试验应用高压、低频率的电击方法，以减少电击时间。如荷兰使用 300 V 电压，15 s 内完成电击；国内浙江嘉善金大地肉类加工中心也在使用这种先进的现代化屠宰方法，该法的优点是快速、致昏程度深、放血良好。

麻电击晕的目的是使动物快速失去意识，并保证这种无意识状态要持续足够长的时间，直至其胸部的主要血管被割断使动物死去。麻电击晕的效果是暂时的，所以要保证这种无意识状态延续的时间足够长。为达到有效击晕，必须紧紧地将电极放置在头部，绝不能使托胸三点式自动麻电器横跨在嘴或下巴处，应放置在准确的位置，从而防止动物遭受不必要的疼痛。如果首次击晕失败，应该立刻对动物进行再次击晕，要注意不能将动物电死，否则会严重影响畜禽肉品质（冼世雄，2006）。

（2）气体击晕。

气体击晕是利用二氧化碳（CO_2）、氩气（Ar）或各种混合气体击晕畜禽。利用 CO_2 击晕能降低 PSE 肉的产生，减少肌肉出现淤血和血斑现象，提高宰后肉品质量。但是这种方法由于代价昂贵，一般只适用于大型屠宰场。同时，CO_2 击晕时，动物会经历丧失痛觉、兴奋和麻醉 3 个阶段（大约 40 s），不能使畜禽快速失去知觉，严重影响动物福利。生产上使用 CO_2 与 Ar 或空气与 Ar 的混合气体可以减轻单纯由 CO_2 击晕引起的应激，同时缩短击晕所需时间。混合气体击晕法不仅效果好，对畜禽的应激小，而且还可以改善肉品质，是比高浓度 CO_2 更人道的击晕方法（姚春雨，2007）。

（3）刺杀放血。

动物放血完全与否是影响动物应激反应和肉品质量的重要因素。为保证动物福利，放血与击晕之间的时间间隔应当尽量短，避免出现放血后动物因恢复知觉而挣扎的情况。一般情况下，应在击晕后 15 s 内进行放血。畜禽放血的方法有切断颈动脉血管法、刺杀心脏法和切断三管（血管、食管、气管）法，选择哪一种放血方法，应根据畜禽状况而定。

一般电击后动物进入无意识、无知觉的状态，且这个状态维持时间很短暂。为了确保动物的无痛苦死亡，并防止其再次苏醒，必须在其击晕后立刻进行放血。应尽量在击晕后 10 s 内进行放血，会更安全、更容易、更准确。但由于设备和人员的原因，刺杀时间最长 不能超过 15 s。刀口要正、准，不得割破食管和气管，不得刺破心脏造成呛嗝、淤血，以减少血肉的生成（李卫华，2005）。

三、肉羊运输与福利

运输作为现代肉羊产业一项必不可少的程序，存在诸多福利问题，因为在运输过程中加强管理可有效降低羊只死亡率（曲月秀等，2013）。我国肉羊运输距离长短不一，有短途的省内运输，也有产羊区向其他地区跨省的长途运输（内蒙古、新疆向山东、河北等地贩运等）。目前，在运输过程中给水饲喂、挤压摩擦、环境及病毒方面常伴有应激（尚菲，2015）。由于运输环节不够规范，运输过程存在为了仅仅追求时效而选择"走小路，抄近道"现象，因颠簸给肉羊机体带来损伤病害，造成不必要的损失。运输应激对动物机体内分泌、血液生理生化指标、行为及其免疫功能等都会产生广泛的影响（李留安等，2010）。在肉羊养殖业发展中，如何降低运输应激日益受到重视。近年来，动物运输福利越来越受重视。有研究指出动物行为与动物福利两者是同步发展的，动物会通过自己的肢体语言来表达各种生理需求和欲望（齐琳等，2019）。肉羊运输环节发生应激，主要集中在温湿度、密度、道路、时间及肉羊的休息和饮水过程，处理不当会造成严重失水，使肉品质下降。运输中应尽可能避免群内斗争以防畜禽屠宰后，胴体出现 DFD（黑干肉）或 PSE（白肌肉）肉质（汪长城等，2013）。

造成畜禽运输应激的因素比较多，主要是心理上的紧张、忧伤、惊恐，环境上的过热、过冷、噪声、通风不畅以及毒物刺激、机械创伤、急性感染等。肉羊运输的应激源比较多，各应激源并非独立发生作用，应激的产生都是诸多应激因子综合作用的结果。畜禽从一个地方到另一个地方，从一个群体混入另一个群体，被动导致的应激伴随着畜禽运输的全过程，影响畜禽的福利。在肉羊的运输过程中最大的应激危害就是密度大、挤压作用引发的应激和羊只的死亡，其次是运输过程中道路不好或者工作人员责任心不强，剧烈的颠簸以及急刹车造成的羊只机械损伤和死亡（图 4-6）。

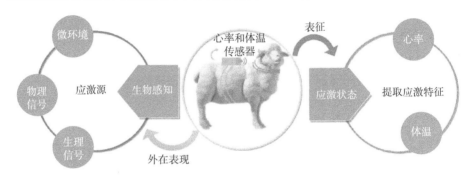

图 4-6　肉羊运输应激参数感知机理动态关系（马瑞芹等，2021）

1. 混群应激

当肉羊被强制重组混群时，由分散到集中、由放牧到圈养、由小群到大群、由自由运动到装车运输，肉羊会出现心理应激，使得肉羊处于一种"紧张"的状态，肉羊不能从心理上适应新的群体，出现高度的神经紧张，增强其内分泌系统的活动。同时，在混群初期，肉羊之间由于排斥作用，出现争斗、啃咬、打斗和相互竞争，产生应激反应。影响肉羊的免疫力，导致生产性能下降，甚至病理反应。

2. 装卸应激

肉羊在装车和卸车过程中，如不加以关爱，很容易出现肉羊福利的问题。肉羊从出生就没有受过装车、卸车的训练，初次进行装卸都会出现应激反应。在装卸时肉羊首先出现不适，其次就是出现强烈的抵触，这些源于肉羊对通道、转角、斜坡、地面，以及工作人员的驱赶和肉羊之间的拥挤，而这些应激源或其他复合应激因子引发的应激反应主要反映在动物心理上的恐惧（Earley，2006）。也有研究认为，在肉羊首次被驱赶进入比较拥挤的斜坡时会感到痛苦和厌恶，表现出极度恐惧并做出相应的反应，装卸的难度越大，动物表现出的应激反应越强烈。

3. 温度应激

（1）热应激。

肉羊装车后，会出现温热反应，不仅在南方炎热地区出现热应激，在北方凉爽地区也会出现热应激。热应激的发生主要是因为装载密度过大，羊群拥挤，车上肉羊的新陈代谢，排泄产热，粪尿蒸发，以及车外气温的影响等，导致车厢内温度升高，湿度加大。加之肉羊的汗腺不发达，不易出汗，厚实的皮毛加上瘤胃发酵产生的热量使羊有很强的产热能力和御寒能力（刘勇，2013）。肉羊难以通过汗液蒸发的形式散热，引起体内积热，导致肉羊采食量下降、呼吸频率增加、代谢率提高、新陈代谢紊乱、免疫力下降，从而影响畜禽的生产性能和对疾病的抵抗能力，甚至出现休克和死亡。

（2）冷应激。

肉羊运输过程中的冷应激主要出现在冬季肉羊运输中，未成年的羊更容易受到低温的影响，出现冷应激反应。研究认为冷应激能引起动物的一般反应（周灿平等，2009）。

4. 拥挤应激

肉羊的装载密度适宜与否影响到肉羊的运输福利。如果羊只装车时过于松散，那么运输中，由于路途颠簸，出现肉羊站立不稳、倒伏、践踏等现象，造成肉羊的应激。有研究结果表明，在高密度装载时马鹿的心率较低密度装载时明显升高，说明拥挤应激是属于心理应激的范畴，是由于密度大，动物烦躁引起的心理反应。拥挤应激可引发生理和心理反应，出现心率和乳酸的升高，影响到肉羊的采食率，导致肉羊互相咬斗甚至死亡。可见，肉羊发生拥挤时，会产生应激反应，出现产热量、耗氧量上升的趋势，改变肉羊的生理机能，导致羊肉品质的降低，甚至出现白肌肉现象（张国平等，2017）。

5. 暂养应激

暂养关系发生后，必将出现种内竞争，出现打斗。饲养场所的变化、环境条件的变化、日粮组成的变化、饲养人员的变化、饲养方式的变化、都会引发暂养羊群的一系列应激反应，出现肉羊的福利问题。

6. 运输应激

肉羊的运输过程发生的应激反应是一个复杂的过程，是多因子综合作用的结果。肉羊在运输过程中外界环境每时每刻都在发生变化，机体能量随之也大量地被消耗，引发肉羊的运输应激（石宜霞等，2009）。运输应激中颠簸是最大的应激源，由于路况差异、车辆性能和驾驶人员的水平等原因，在运输过程中车辆发生颠簸是难以避免的。肉羊运输过程中受到不同程度的颠簸，其应激反应也有所不同，动物因应激强度的不同而出现不同的表现（徐淑玲，2006）。

7. 禁饲应激

肉羊的运输过程中一般是禁止供给饲料和饮水，这种方式在短途运输时是可行的，但长途运输或长时间运输时不适宜。在长途运输的过程中，肉羊缺吃少喝，运输中机体流失大量的能量和水分，导致动物机体处于缺水和饥饿的状态，吸收的养分减少，代谢出现障碍，体内酸碱平衡与水盐代谢紊乱，甚至出现酸中毒等病理反应，这是引起动物发生运输应激的重要原因，也是肉羊运输中出现死亡的重要原因。

8. 其他应激

运输肉羊的过程中除了上述应激外，还有其他环境因子、生物因子和人为因素造成的应激，比如蚊蝇叮咬、捕捉保定、人员呵斥、车辆噪声等都是肉羊运输应激的应激源。

四、应对运输应激的措施

肉羊在转移的过程中存在多方面的福利问题，相关的改进措施也在不断应用，但是由于我国养殖规模较大，并且散养户占有相当的比例，要在短时间内克服运输应激的问题较为困难。目前最有效的方法是选育优良的耐受品种，提高运输过程羊只的免疫能力和减少应激的发生；其次，在运输前后实施恰当的管理（夏安琪，2014）；再者，根据羊只的状态进行暂养恢复，并对特别羊只采用药物治疗。

（一）培育耐受品种

肉羊运输要经历环境变化、饲粮变化等，因此应激的发生是一个复杂的过程，受多种外界因素干扰。在实际运输中有的个体或品种可以通过自身调节降低外界影响，减少应激的发生；在生产中可以通过选留抗逆性强、胆大、性情温顺的肉羊，淘汰抗逆性差、易受惊、胆量小、性格粗暴的肉羊来降低运输过程的影响。选留培育耐应激肉羊品种不但可以节约运输成本，而且可以从根本上减少运输应激的发生，保证食品安全。研究发现，应激的发生与氟烷基因有关，氟烷基因呈显性的更容易产生白肌肉（PSE 肉），导致肉产品质量下降。由于肉羊的氟烷基因、性情特征等都是可遗传的，因此可以充分利用这些抗应激因子培育出耐受性能较好的品种，以便更好地适应新环境，减少应激的发生。

（二）提高运输环境质量

有研究结果表明，肉羊在运输过程中应激率、死亡率与运输时间、运输距离呈正相关（常丽娜等，2016），与环境条件的优劣也密切相关，因此要提高运输环境质量，也要加强运输管理，以减少肉羊的运输应激。

（1）要做好运输前的准备工作，对运输车辆以及工具进行消毒处理，调整日粮结构，对肉羊生理机能可起到调节作用。另外，还要逐渐减少采食量，防止运输过程中路途颠簸带来的呕吐、反胃现象。

（2）装载前羊只要逐个检查，对于发生疫病或者伤残羊只应采取相应治疗措施，禁止装车运输。

（3）羊只装载密度要适中。

（4）运输人员特别是驾驶员要具有一定的专业知识，以便在运输过程中严格按照规范操作，遵守动物福利，不能粗暴对待羊只，以免造成心理恐惧、机体伤害等应激问题。

（5）肉羊的出生、发育、发情、出栏具有一定的季节性，提前规划运输时间，避免夏季高温运输，以降低死亡率；冬季运输要注意防寒保暖，使肉羊运输过程在可以承受的温度范围内，并确保身体机能活动正常。

（三）运输前期的规范要求

在进行肉羊运输时，首先，要考虑运输工具，现在市场上的运输车结构上基本相似，采用仓栅式车厢体，在人们对肉品质要求提升背景下，运输车辆性能逐渐受到重视（梁粱，2014）。辛春艳等（2015）对肉牛专用车设计在通风换气、护栏结构、避雨防晒、自动系统等方面提供了参考意见。其次，运输时要有好的运输方案，选择路况较好的交通网，可以使肉羊避免因颠簸带来的机体损伤和群体应激反应。对运输人员的选用十分重要，肉羊转移过程难免受到颠簸、震摇、碰撞情况，如果严重就需要承运人下车检查，对出现病情羊只治疗。总之，运输前的准备工作越周到，肉羊的运输应激越少。对集群、装卸等要求如下：

1. 集群要求

将收购来的肉羊进行集中，依据羊属动物的习性重新组群。集群的群体大小要适中，可按表4-5要求进行组群。

表 4-5　肉羊集群的年龄分组要求（赵硕等，2018）

类别	年龄
羔羊群	羔羊产出～4 月龄
育成群	4 月龄断奶～18 月龄
后备群	18 月龄～30 月龄
成年群	30 月龄以上

2. 驱赶和通道要求

动物福利要求肉羊的驱赶不得使用棍棒击打羊只，道路不通畅时适速行进。肉羊的通道以不低于 0.88 m 为宜，尽量减少拐角，更不能有直角转弯，以方便通行。顶棚要有灯光照明，强度要在 20 lx（勒克斯）以上，并设应急灯。

3. 装载要求

肉羊装车过程中极易受到伤害，要在装车过程中做好措施。肉羊处于半饥饿或者空腹时装车，切记不要在饲喂后或饱腹时装车，避免运输颠簸造成腹内食物的不良反应。装车时，运输车辆最好使其地面与载羊台的平面处于一个水平面上，使肉羊能够自由无障碍上车（郑明义等，2015）。

4. 运输工具

肉羊难以忍受数千公里、几个昼夜的运输。飞机运输时间最短、成本较高，且后续还要转为陆地运输。采用轮船运输，成本低、肉羊舒适，但用时长。火车需采用动物集装箱进行肉羊运输，集装箱的结构要适应于肉羊的饲喂、饮水、保洁和管理。目前，国内肉羊的运输主要采用汽车运输，多数由普通车辆改装而成，也有专用车辆，专用运羊车在设计时考虑到了肉羊运输过程中的环境问题，有通风、温度、湿度等空气质量的保证（石宜霞等，2009），肉羊运输栅栏设计要求见表 4-6。

表 4-6　肉羊运输栅栏的设计要求（赵硕等，2018）

设计要求	尺寸
栅栏最大面积 /m²	40.50
栅栏最大长度 /m	9.00
栅栏最小长度 /m	4.50
栅栏最大宽度 /m	4.50
栅栏最小宽度 /m	2.00
栅栏最小高度 /m	1.40

续表

设计要求	尺寸
底板到最上横栏的垂直高度 /m	0.90
横栏间的最大距离 /m	0.21
最下边横栏到车面的距离 /m	0.16
临近通道的最小宽度 /m	0.55

5. 围栏条件

围栏的目的是让应激或疲劳的动物从运输中恢复过来，为此必须严格控制入栏时间、驱赶方式、设施设计和环境条件等，因为在此阶段出现问题会有碍动物的休息和恢复，并抵消生产部门为提高性能、动物福利、肉质所做的努力。

（1）入栏时间。

通常建议 2 ~ 3 h 的围栏时间，使动物在运输和卸载后恢复正常状态并确保生产出优质畜禽肉。除非恶劣的环境条件，否则不应缩短入栏的时间，否则可能增加 PSE 肉的发生率。与 3 h 相比，较长的入圈时间有助于将 PSE 肉的风险降低 2%，但也增加了 DFD 肉和胴体病变的风险，胴体瘀伤和 DFD 肉的比例随着入圈时间的推移而增加是由于动物群体的进食和争斗的综合影响。

（2）环境控制。

在恶劣的圈栏环境下，动物可能受到热应激的影响，导致气喘病增加，PSE 肉的风险增大。冷应激如颤抖和蜷缩和肌肉能量耗尽而维持体温恒定可能导致产生 DFD 肉。在圈栏中采用喷淋对动物群体进行降温，促使呼吸率降低，使肌肉温度下降 2℃而提高肉质品质。

（3）将肉羊运至屠宰场。

从围栏处向电击室快速移动的羊群会因为不良的驱赶方式导致滑倒、堵塞、倒走和嚎叫等现象，甚至增加电棒的使用率。这会使羊只的心率升高、乳酸含量、肌酸激酶水平增高及 PSE 肉的发生率增加。为了便于驱赶，让羊群到电击室保持平稳，必须根据屠宰生产需要调整群体大小，对于 300 ~ 600 头 /h 的屠宰量来说，每一组分为 8 ~ 10 头或 12 ~ 14 头较为合理。

（四）肉羊运输过程中的规范要求

1. 生物环境要求

（1）运输密度。

密度是肉羊运输过程中生物环境的核心问题，有关羊运输密度研究发现，血液常规指标和生理生化指标受密度影响很大。密度过低，没有合适的限制装置，肉羊很容易在运输过程中由于道路的坡度或运输车辆速度的改变而摔倒受伤。高密度造成空间狭小使肉羊不能躺卧，其体内白细胞数显著增加。在运输过程中，体重在 30 kg 到 40 kg 的羊只，每只羊需要至少 0.27～0.3 m² 的空间来躺卧。体积较大的羊只相应地需要更大的空间，各类肉羊的运输密度要求见表 4-7。

表 4-7　肉羊运输密度要求（赵硕等，2018）

类型	体重 /kg	所占面积（m²/ 头）
剪过毛的羊只	<55	0.2～0.3
	>55	>0.3
未剪毛的羊只	<55	0.3～0.4
	>55	>0.4
怀孕母羊	<55	0.4～0.5
	>55	>0.5

（2）不能混装的群体。

运输车辆装载的羊只年龄和体积应相仿。有些类型的肉羊不得混装：①年龄在 6 个月以上、初入群体的公羊；②年龄小于 3 个月、初入群体的羔羊；③剪掉被毛的羊只和带角的羊只；④不同养殖场的公羊；⑤生病、残疾、妊娠以及新生的羊只。这类羊混群装载上车会损害其福利。

2. 非生物环境要求

非生物环境影响体现在行为和生理两个方面。特别是混群运输时，强弱个体之间的打斗都被视为运输福利问题。肉羊运输时的非生物环境主要是温度、湿度和通风，其中温度的变化是造成肉羊应激的主要应激源。试验表明，肉羊处于冷应激过程，机体的免疫系统将受到抑制（杨莉等，2015）。对羊热应激的研究发现，热应激对瘤胃微生物的数量和构成均造成影响，使 B 族维生素合成量降低，并影响瘤胃发酵功能，热应激可对山羊肝脏、肌肉和骨骼造成损伤，并对血液抗氧化系统造成消极影响（蔡丽媛，2015）。

（1）温度。

畜禽是恒温动物，它的体温必须保持在适度的范围，才能进行正常的生理活动。肉羊汗腺不发达，不易出汗，厚实的皮毛加上瘤胃发酵产生的热量使羊有很强的产热能力和御寒能力（刘勇，2013）。如果运输出现高温，物理调节作用不能维持机体的热平衡，则会产生应激；低温状态，机体的能量主要用于维持体温的恒定，导致机体的生长发育减缓，新陈代谢减慢，机体各系统的活动性能减弱（陈亚坤等，2011），肉羊能够忍受低10℃和高30℃的温度，感觉不到痛苦。

（2）湿度。

肉羊运输过程中，常因空气流通不畅使肉羊的热调节能力降低，促使肉羊体温上升，导致皮肤充血，呼吸困难，中枢神经机能失调（武海燕，2016）；高温高湿环境下，会促进车厢内病原性微生物的发育与繁殖，易患各种皮肤疾病，饲料发霉变质；低温高湿环境下，车厢内湿度过高，使非蒸发散热加快，肉羊的辐射散热和传导散热大大增加，寒冷危害加剧，导致各种呼吸道疾病、风湿病、关节炎、感冒等症状。

（3）通风及噪声。

在确保温度适宜时进行通风，使车厢空气清新，可减少应激现象。值得注意的是安静的运输环境可以使畜禽保持安定状态，因此，减少噪声可改善畜禽休息和睡眠。

3. 运输时间

肉羊的运输时间是从装载第一只羊到卸载最后一只羊算起。国际惯例肉羊运输时间在8 h以内，若超过8 h，要安排休息，具体时间是每14 h休息1 h，但运输时间以28 h为界；对于未断奶的羔羊来讲，运输9 h后要休息，时间为1 h，运输时间以18 h为界。经验表明，运输途中1天给料2次，给水4～5次较为适宜（刘会敏等，2012）。由于长途运输应激频发，肉羊在长时间运输前后注射催产素，并补充电解质能降低发病率和死亡率（曲月秀等，2013）。肉羊运输尽量选择温度较为适宜的春秋季节以及尽量缩短运输时间，尽可能地避免应激发生。

4. 运输要点

肉羊的运输要求就是在较短的时间内，安全抵达目的地。隔一段时间检查一次羊只，特别是当车辆出现急刹车等动作时一定要下车查看（郭丙全等，2017）。注意温湿度变化保持在肉羊生理承受范围之内，不管采用什么运输工具都要做到快速和平稳。

（五）肉羊运输后期的规范要求

1. 卸羊要求

肉羊卸载过程中也极易受到伤害，卸羊时要保持安静，动作平缓，尽量让羊自己走动，做到以下几点：①不能强迫肉羊跳下运输车辆，驱赶肉羊时应尽量避免制造噪声；②不可敲打、挤压动物身体的敏感部位；③不要碾压、扭曲和拽拉肉羊的尾巴，不可触碰肉羊的眼睛及踢打肉羊；④不可拎肉羊的头、角、耳朵、蹄、尾巴和毛发，避免引起不必要的疼痛和痛苦；⑤不要抛扔肉羊。

卸羊台的设计应防滑，坡度在 15°～20°，坡道要考虑肉羊的行为特征，周边应有围挡，使肉羊能够进入，通道墙体设为不透明，防止动物的不舒适和烦躁。卸羊台设计可参考图 4-7。

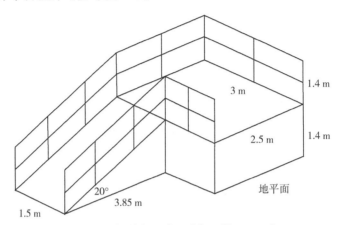

图 4-7　卸羊台设计图（赵硕等，2018）

2. 暂养要求

肉羊到达目的地时应立即卸载，最好以养殖时的群组进行暂养。

（1）待宰圈。

待宰圈是肉羊到达目的地（主要是屠宰场）后，暂时休息的场所，暂养对肉羊恢复运输应激及肉产品质量均有好处。

（2）暂养标准。

在待宰围栏内可适度喷水降温以及确保动物身体清洁，饲喂时可适宜添加黄芪多糖粉等，加快肉羊的膘情恢复及体重的增加，降低发病率与淘汰率（张勇等，2016）。待宰时应该考虑以下因素影响：①停留时间。一般情况下需要静养 3～5 d，消除装卸和运输带来的应激反应，如果存在严重的机械损伤和病情需治愈后，无应激状态才可进行下一步屠宰。②空间与密度。待宰圈中每只肉羊的占地面积最好在 0.27 m² 左右。密度过大很容易发生相互踩踏，造成肉羊机械损伤或者死亡。③隔离。在把肉羊赶进待宰圈时，从个体大小、健康状况、不同群体和过去的经历四个方面考虑如何合理而有效地将它们分开，从而避免打斗或其他不良现象的产生，至屠宰时隔离结束。④供水。要根据相应原则以及脱水的表现进行供水，最多隔 48 h 就要给水。研究证明，每天饮水 3 次是效益最高的饮水方式，夏季饮水量大约 7 kg/d，冬季 5 kg/d（李亮等，2016）。⑤喂食。暂养期间可适当添加饲草料，以及适当添加电解质等降低运输应激，暂养过程要及时饲喂，饥饿应激超过 48 h 则会使糖原含量减少，熟肉率和滴水损失下降（商振达，2014）。⑥风扇和喷雾及暖风炉系统。调查发现夏季使用风扇—湿帘降温系统，可使羊舍温度适宜肉羊生存。冬季采用暖风炉升温，可使羊舍温度保持 18℃左右避免冷应激；肉羊的温度承受范围在 10 ～ 30℃，暂养舍应做好相应调控。

（六）改善日粮组成

在畜禽的生产和运输过程中通过改善日粮的组成和添加适量微量元素降低应激的发生已经得到了广泛的应用。研究结果表明，在肉羊的日粮中添加氨基酸、油脂、无机盐离子、维生素、微量元素和益生菌可有效减轻肉羊运输应激的强度。

1. 添加氨基酸、油脂

氨基酸可以提高抗疲劳能力，研究发现，谷氨酸（Glu）和谷氨酰胺（Gln）不仅具有相同的碳架结构，也具有较强的抗疲劳作用。肉羊在疲劳或应激状态下除了消耗能量，机体内抗疲劳作用的氨基酸也会降低，因此运输时补充适量水平的氨基酸可以缓解疲劳应激并恢复能量。pH 值的变化常常引发肉品质问题，通过在肉羊日粮中添加一定量的油脂可降低碳水化合物消化水平，即使发生运输应激也可减少肌肉中糖原水平，使 pH 值保持在一定的水平，防止 pH 值下降引发的肉羊产品质量问题。

2. 添加无机盐离子

无机盐离子可使羊只机体内电解质保持平衡，提高肉羊对外界干扰的适应能力，缓解运输带来的压力。应激会导致体内酸碱失衡，细胞膜的通透性改变，机体代谢失常，持续恶化就会发生代谢性碱中毒。因此，运输前在日粮或饮水中添加电解质溶液（氯化钾、氯化铁、碳酸氢钠），通过保持电解质平衡可防止运输过程中肉羊因机体脱水造成的肉质问题，其中 $KHCO_3$ 可以提高日粮的碱性，KCl 为 $KHCO_3$ 的缓冲剂，对肉羊机体酸碱平衡和降低应激有一定的作用。

3. 添加微量元素

微量元素如硒、铜、镁、铬等可以改善肉羊体质，增强抗病能力。研究发现，在肉羊饲料中添加一定量的硒（0.4 mg/kg）可防止细胞膜的不饱和脂肪酸受过氧化物的侵害，起到抗应激作用（田科雄等，2014）。铜具有抗微生物作用，可防止有害微生物的侵入，减少疾病发生。镁或者镁制剂不但可以降低应激的发生，还可以改善肉品质。铬具有一定的免疫调节功能，可以使血清皮质醇水平降低，提高羊只的免疫能力。

4. 添加维生素

维生素可以提高肉羊的抗氧化作用，降低运输应激发生。受刺激的羊只由于代谢活动增强，维生素的需求量随之增加，尤其是应激发生后肉羊食欲下降，采食能量不足，在饲粮中添加维生素可以提高抗应激能力，保证营养供应正常。

维生素 C 具有抵御氧化应激的能力（尹守铮，2010），可以使肉羊机体的超氧化物歧化酶（SOD）和谷胱甘肽过氧化物酶（GSH–Px）的活力提升，从而提高血清三碘甲状腺原氨酸（T3）水平，增强肝脏热休克蛋白 70（HSP70）的表达，降低肌肉丙二醛（MDA）的含量，减缓运输应激导致的皮质醇降低，使肉羊抗应激能力加强。因此，添加维生素 E 有利于保护细胞膜的抗氧化作用，防止细胞膜通透性增大以及小分子酶类释放影响机体平衡和代谢，使肉羊免疫能力趋于稳定。

（七）使用药物减轻应激

生产实践中，到达目的地后暂养阶段是羊只恢复的关键时期，除了要检查疫病情况还需要使用药物恢复体况和免疫调节能力，使其可以正常采食、活动。

1. 中草药

研究发现，用藿香、薄荷可预防热应激的发生，党参、延胡索等能抵御刺激造成的应激，适量刺五加液能提高动物对低压缺氧的耐受力并降低基础代谢、抗疲劳（刘凤华等，2010）。另外，通过中草药来抑制神经兴奋可间接预防运输应激的发生。

2. 镇静性药物

镇静性药物可以降低中枢神经的兴奋，缓解精神压力和紧张的心理，常常在运输过程和暂养阶段使用，此类药物主要是安定、利血平和氯丙嗪等。肉羊运输前如果发现躁动、惊恐可通过添加镇静药物以减轻应激反应。

参考文献

蔡丽媛，2015. 集约化羊舍的环境控制及热应激对山羊瘤胃发酵的影响 [D]. 武汉：华中农业大学.

蔡丽媛, 张骥, 於江坤, 等, 2015. 江淮地区漏缝地板 – 机械清粪系统羊舍环境检测及评价 [J]. 家畜生态学报, 36(12): 34–41.

蔡喜佳, 2019. 牛羊及其饲养场的消毒要点 [J]. 山东畜牧兽医, 40(6): 61–62.

常丽娜, 郭璐璐, 齐德臣, 等, 2016. 羊运输应激综合征的防治 [J]. 兽医导刊 (10): 219–220.

陈德忠, 2016. 影响羊育肥效果的环境因素 [J]. 现代畜牧科技 (5): 36.

陈亚坤, 郭冉, 夏辉, 等, 2011. 密度胁迫对凡纳滨对虾生长、水质因子及免疫力的影响 [J]. 江苏农业科学, 39(3): 292–294.

初晓娜, 2006. 药物饲料添加剂在畜牧业应用时注意的问题 [J]. 中国动物保健 (12): 44– 46.

丁松林, 易洪斌, 2008. 改善动物福利减少应激探讨优质肉的生产途径 [J]. 黑龙江畜牧兽医 (5): 101–102.

范沿沿, 2014. 肉牛专用运输车的研制 [D]. 郑州: 河南农业大学.

古丽格娜, 古丽帕夏·吐尔逊, 孔艳丽, 等, 2021. 肉羊安全高效生产技术示范 [J]. 中国动物保健, 23(10): 77–78.

郭丙全, 车晓囡, 连伟民, 等, 2017. 购羊与运输过程中的注意事项 [J]. 广东畜牧兽医科技, 42(1): 48–49.

郭礼祥, 王永军, 黄艳平, 等, 2012. 控制光照对陕北白绒山羊体重和绒毛长度的影响研究 [J]. 家畜生态学报, 33(5): 20–22.

郭立民, 李铁全, 林世武, 等, 2007. 浅谈动物尸体处理现状与危害及对策 [J]. 中国动物检疫 (6): 8.

郭楠, 潘满, 王子戡, 等, 2020. 我国羊屠宰加工关键技术装备现状及发展趋势 [J]. 肉类工业 (8): 27–31.

郭塞红, 蔡建英, 贺长林, 等, 2014. 羊舍饲日常管理技术 [J]. 现代农业科技 (13): 299–300.

黄继超, 王鹏, 徐幸莲, 等, 2013. 肉鸡宰前击晕研究进展 [J]. 食品科学, 34(11): 344–347.

黄明, 2015. 畜禽养殖场的卫生管理 [J]. 水禽世界 (2): 16–18.

黄天沧, 2021. 山丹县霍城镇羊养殖方式与效益对比分析 [J]. 甘肃畜牧兽医, 51(9): 21–22.

姜喃喃, 王鹏, 邢通, 等, 2015. 宰前与宰杀因素对禽肉品质的影响研究进展 [J]. 食品科学, 36(3): 240–244.

靳卫平, 郭文杰, 2018. 动物疫病动物屠宰与动物福利 [J]. 当代畜牧 (20): 19–20.

李斌, 2015. 肉羊养殖技术措施研究 [J]. 中兽医学杂志 (11): 1.

李凤忠, 2003. 北京市舍饲养羊饲料利用现状 [J]. 当代畜牧 (10): 11–13.

李建党, 张定安, 闫晓华, 等, 2016. 内乡县规模羊场粪污综合利用技术初步探索 [J]. 当代畜牧 (30): 42–44.

李亮, 王文达, 查咏, 等, 2016. 荒漠草原饮水半径和饮水量对羊生产性能的影响研究 [J]. 黑龙江畜牧兽医 (19): 5-8, 13.

李留安, 杜改梅, 金天明, 2010. 运输应激对动物机体功能影响的研究进展 [J]. 黑龙江畜牧兽

医 (17)：40–41.

李胜利, 孙海洲, 赵存发, 等, 2014. 控制光照对内蒙古白绒山羊母羊营养物质消化率的影响研究 [J]. 家畜生态学报 (9)：28–32.

李卫华, 张凡建, 于丽萍, 等, 2005. 重视动物福利提高肉品质量 [J]. 中国兽医杂志 (7)：62–63.

李勇, 2014. 肉羊规模养殖技术 [J]. 现代农业科技 (3)：275, 282.

李云霞, 2021. 养羊场肉羊疫病防治的综合措施 [J]. 畜禽业, 32(6)：129–131.

梁粱, 2014. 肉牛长途运输的技术措施 [J]. 湖北畜牧兽医, 35(6)：70–71.

刘凤华, 李光玉, 钟伟, 等, 2010. 日粮不同蛋白质水平对冬毛期貉生长性能、血液生化指标及毛皮性状的影响 [J]. 饲料工业, 31(9)：52–54.

刘会敏, 康从伟, 2012. 引种羊群运输的要求 [J]. 养殖技术顾问 (12)：28.

刘进, 2018. 肉羊舍饲高效养殖的技术要点 [J]. 畜牧兽医科技信息 (3)：76.

刘美丽, 杜向鹏, 呼彦兵, 等, 2019. 肉羊高效饲养生产技术 [J]. 中国畜禽种业, 15(8)：1.

刘苗苗, 岳惠洁, 2015. 冬季养殖掌控通风与保温 [J]. 中国猪业 (3)：71–72.

刘相国, 2020. 夏季规模羊场饲养管理的注意问题 [J]. 中国动物保健, 22(12)：58–60.

刘勇, 2013. 不同饲养水平对杂种肉羊能量代谢的影响 [J]. 中国草食动物科学, 33(3)：39–41.

刘忠琛, 刘正梅, 2013. 肉羊舍饲养高效养殖技术 [J]. 养殖与饲料, 5(23)：102–103.

龙定彪, 杨飞云, 肖融, 等, 2014. 屠宰方式对育肥猪血液生化指标及肉品质的影响研究 [J]. 中国畜牧杂志, 50(11)：69–72.

陆承平, 2004. 动物保护概论 [M]. 北京：高等教育出版社, 2004：51.

马军, 谢小强, 2009. 夏季肉羊舍饲技术要点 [J]. 畜牧与饲料科学, 30(10)：188.

马瑞芹, 张梦杰, 于瑞航, 等, 2021. 可穿戴生物感知的肉羊运输应激特征参数提取与建模 [J]. 农业机械学报, 52(10)：291–299, 416.

马艳菲, 林鹏超, 吴景田, 2010. 肉羊养殖的技术措施 [J]. 今日畜牧兽医, 11：59–60.

梅宗香, 2015. 规模羊场健康养殖的技术简介 [J]. 中国畜牧兽医文摘, 31(11)：75–76.

穆秀梅, 马启军, 段栋梁, 等, 2010. 无公害羊肉生产技术规范及安全管理 [J]. 山西农业科学, 38(08)：117–119.

倪长虹, 2016. 光照对动物生殖机能的影响 [J]. 畜牧兽医科技信息 (10)：22.

潘满, 王洪燕, 李鑫熠, 等, 2016. 冷鲜羊肉屠宰加工工艺及关键因素分析 [J]. 包装与食品机械, 34(5)：69–72.

齐琳, 包军, 李剑虹, 2009. 动物行为学研究在动物福利养殖中的应用 [J]. 中国动物检疫, 26(9)：68–69.

秦占国, 2009. 国内外兽药残留与动物源食品安全管理研究 [D]. 华中农业大学.

邱爱斌, 2019. 肉羊的饲养管理及疾病防治 [J]. 兽医导刊 (8)：249.

邱晓霞, 2021. 病死畜无害化处理的现状及措施 [J]. 中国畜禽种业, 17(6)：69–70.

曲月秀, 田兴贵, 石照应, 等, 2013. 山羊长途运输应激简单防控处理的效果 [J]. 家畜生态学报, 34(8)：76-78.

商振达, 2014. 饥饿应激对藏羊 AMPK 及相关酶活性、糖酵解及肉品品质的影响 [D]. 西宁：青海大学 .

尚菲, 2015. 浅谈羊的运输应激反应原因及对策 [J]. 今日畜牧兽医 (8)：58-59.

石宜霞, 郑自明, 2009. 自动温控系统在畜禽运输车上的应用 [J]. 客车技术与研究, 31(5)：37-38, 43.

孙超, 2018. 肉羊饲养管理及常见病防治刍议 [J]. 今日畜牧兽医, 34(4)：47.

孙新胜, 赵娟娟, 王超, 等, 2019. 河北省规模化羊场建筑结构及生产配套设施的调查与分析 [J]. 黑龙江畜牧兽医, 2019(1)：62-65.

孙永恒, 2015. 肉羊的饲养管理技术要点分析 [J]. 中兽医学杂志 (12)：108.

田科雄, 周慧琦, 李彪, 等, 2014. 硒抗氧化功能及其在肥育猪中的应用进展 [J]. 饲料研究 (21)：34-37.

汪长城, 李雪峰, 2013. 如何避免畜禽运输应激诱发重大动物疫病 [J]. 当代畜禽养殖业 (9)：16-17.

王德宝, 王晓冬, 郭天龙, 等, 2018. 不同混合饲料对杜蒙羊屠宰性能、食用品质及营养成分的影响 [J]. 肉类研究, 32(6)：12-17.

王恒昌, 徐静, 朴聪雁, 2018. 规模肉羊场防疫技术要点 [J]. 畜禽业, 29(11)：35-36.

王建军, 胥世洪, 周小平, 2009. 饲料添加剂质量监控与发展方向 [J]. 中国动物保健 (7)：106-112.

王磊, 陈文武, 吴荷群, 等, 2015. 冬季不同饲养密度对肉羊生产性能的影响 [J]. 西北农业学报, 24(7)：23-27

王琴, 2019. 浅谈如何做好山羊的科学养殖 [J]. 农民致富之友 (7)：63.

王延磊, 2020. 肉羊生产中饲养管理的要求 [J]. 中国动物保健, 22(3)：48.

王英贺, 曹利利, 郭衍冰, 等, 2016. 羊主要寄生虫病及预防措施 [J]. 吉林畜牧兽医, 37(5)：45-46.

王元兴, 1993. 动物繁殖学 [M]. 南京：江苏科学技术出版社 .

文美英, 闵成军, 2010. 动物福利在屠宰行业中的推广与实施 [J]. 中国猪业, 5(9)：54-55.

吴小伟, 李侠, 张春晖, 等, 2015. 屠宰应激对宰后猪肉保水性的影响 [J]. 现代食品科技, 31(9)：205-211.

武海燕, 2016. 羊的运输应激反应原因及预防 [J]. 畜牧兽医科技信息 (9)：60.

夏安琪, 2014. 宰前管理对宰后羊肉品质的影响 [D]. 北京：中国农业科学院 .

冼世雄, 2006. 生猪宰前福利对肉品质量影响的研究初探 [D]. 长沙：湖南农业大学 .

谢英芳, 2017. 舍饲肉羊养殖的饲养管理要点 [J]. 现代畜牧科技 (12)：33.

辛春艳, 付浩, 魏通, 等, 2015. 肉牛专用运输车降低运输应激效果试验 [J]. 中国牛业科学, 41(3)：47-51.

忻悦, 付贵香, 2019. 梅雨季节畜禽养殖注意事项 [J]. 兽医导刊 (17)：65.

徐淑玲,2006.日粮电解质平衡与动物营养的关系 [J].吉林畜牧兽医 (12):20-22,26.

许利民,2018.肉羊快速育肥饲养管理技术要点 [J].中国畜禽种业,14(6):77-78.

薛瑞芳,2012.病死畜禽无害化处理的公共卫生学意义 [J].畜禽业,2012(11):54-57.

闫祥林,任晓镆,刘瑞,等,2018.不同屠宰方式对新疆多浪羊肉品质的影响 [J].食品科学,39(17):73-78.

杨李金,2015.病死畜无害化处理措施的探讨 [J].云南农业 (3):31-32.

杨丽芬,聂敏,何佳熠,等,2011.屠宰过程中的动物福利问题探析 [J].农技服务,28(9):1329,1356.

杨莉,黄钰,王凤丽,等,2015.寒冷应激对阿勒泰羊细胞免疫及热休克蛋白 70mRNA 表达的影响 [J].动物学杂志,50(2):300-305.

杨莲茹,孔卫国,杨晓野,等,2004.动物福利法的历史起源、现状及意义 [J].动物科学与动物医学 (6):28-30.

杨润,哈尔阿力·沙布尔,2021.舍饲肉羊的饲料配制和饲养管理技术 [J].养殖与饲料,20(11):81-82.

杨淑萍,2021.羊饲料的营养成分及配制 [J].现代畜牧科技 (8):74-75.

杨秀敏,2017.吉林长春地区规模肉羊养殖场防疫技术要点 [J].农技服务,34(18):67.

姚春雨,2007.动物福利与肉品质量 [J].中国动物检疫 (12):17-18.

依拉木,赛力克·库鲁西,努尔别克·哈木巴太,等,2013.肉羊养殖技术措施 [J].新疆畜牧业 (9):41-43.

尹守铮,2010.外源抗氧化剂对肉鸡机体氧化还原状态和生产性能的影响 [D].武汉:华中农业大学.

应淑兰,丁秀琴,浅析肉羊高效养殖技术在生产中的应用 [J].农民致富之友 (7):62.

于井斌,2020.舍饲肉羊的饲养管理 [J].吉林畜牧兽医,41(6):52.

于娜,2020.浅谈舍饲肉羊高效养殖技术要点 [J].中国畜禽种业,16(4):110.

张殿武,2018.舍饲肉羊育肥的原则、准备工作及其方法 [J].现代畜牧科技 (5):33.

张国平,赵硕,阿丽玛,等,2017.肉羊运输应激及其危害 [J].家畜生态学报,38(12):83-86.

张海容,2008.褪黑素调控绵羊季节性发情的研究进展 [J].河北农业科学,12 (12):44-46.

张海容,李发弟,2005.褪黑素埋植对非繁殖季节绵羊发情和血浆中激素的影响 [J].实验研究,26 (4):23-25.

张建林,2013.肉羊饲养管理技术 [J].农民致富之友 (16):213.

张敏,高维明,范慧,等,2019.肉羊育肥及高效生产技术 [J].吉林畜牧兽医,40(10):120-123.

张文红,彭增起,吉艳峰,等,2006.不同电击昏方式对猪肉品质的影响 [J].肉类工业 (5):19-21.

张勇,李鹏飞,张文燕,等,2016.黄芪多糖粉和银黄可溶性粉对羊运输应激的防治效果试验 [J].中国兽医杂志,52(2):93-95.

赵芬, 2017. 浅析肉羊饲养管理技术 [J]. 中国畜牧兽医文摘 (12)：86.

赵慧, 甄少波, 任发政, 等, 2013. 待宰时间和致晕方式对生猪应激及猪肉品质的影响 [J]. 农业工程学报, 29(4)：272–277.

赵硕, 2018. 内蒙古地区肉羊福利化养殖技术规范的研究 [D]. 呼和浩特：内蒙古农业大学, 2018.

赵硕, 张国平, 阿丽玛, 等, 2018. 中国肉羊运输环节动物福利的规范研究 [J]. 家畜生态学报, 39(8)：76–80.

赵中华, 2020. 动物福利的核心是善待生命 [J]. 云南农业 (11)：10–12.

郑明义, 单留江, 王焕, 2015. 肉羊长途运输过程中的注意事项 [J]. 畜禽业 (6)：24–25.

周灿平, 王伽伯, 张学儒, 等, 2009. 基于动物温度趋向行为学评价的黄连及其炮制品寒热药性差异研究 [J]. 中国科学 (C 辑：生命科学), 39(7)：669–676.

朱红军, 匡佑华, 2019. 高温生物降解法在病死畜禽无害化处理上的应用 [J]. 猪业科学, 36(8)：82–85.

朱荣康, 2017. 环境因素对奶牛繁殖性能的影响 [J]. 黑龙江动物繁殖, 25(1)：14–16.

EARLEY B, O'RIORDAN E G, 2006. Effects of transporting bulls at different space allowances on physiological,haematological and immunological responses to a 12–h journey by road [J]. Irish Journal of Agricultural and Food Ressearch, 45(1)：39–50.

LINCOLN G A, ALMEIDA O F, KLANDORF H, 1982. Hourly fluctuations in the blood levels of m elatonin and prolactin, folliclestim ulating horm one, luteinizing horm one, testosterone, triiodothyronine, thyroxine and cortisolin ram s under artificial photoperiods and the effects of cranialsym pathectomy [J]. Endocrinol, 92 (2)：237–250.

MALPAUX B, ROBINSON J E, WAYNE N L, 1989. Regulation of the onset of the breeding season of the ew e, im portance of long days and of an endogenous reproductive rhythm [J]. Endocrinology, 122 (1)：269–278.

SMITH J D, DOUGLASS L W, COYNE J A, et al.,1997.M elatonin feeding that sim ulates a short day photoperiod (SDPP) suppresses circulating insult in like grow th factor I (IGFI) in prepubertal heifers [J]. Journal of Animal Science, 75 (1)：215.

第五章
福利养殖饲养管理要点

第一节 繁殖母羊的饲养管理

在羊群生产中，繁殖母羊饲养管理的好坏是羊群能否扩大规模、健康发展、提高养殖效益的关键。母羊的繁殖能力不仅取决于其遗传因素，还与生长环境、饲养水平、放牧运动等因素息息相关。因繁殖母羊在不同时期的营养需求和管理侧重点不同，因此繁殖母羊的饲养管理可分为空怀期、妊娠期和哺乳期3个阶段。加强母羊空怀期、妊娠期和哺乳期的饲养管理，可以提高母羊的生产力及羔羊的成活率，提高养殖场的经济效益，促进养殖业的发展（刘刚和海龙，2020）。

一、遗传因素

绵羊或山羊因为品种的不同，其繁殖力也存在较大的差异。受遗传的影响，母羊的繁殖力在不同品种之间，以及同一品种的不同个体间存在较大的差异，例如，在绵羊中，小尾寒羊的繁殖率比较高，可达到270%或更高，2年可产3胎或接近年产2胎，且遗传性能比较稳定，其杂交后代仍可保持多胎性能。山羊中，槐山羊、南江黄羊、马头山羊繁殖率较高，可达300%左右，2年可产3胎或接近年产2胎。绵山羊繁殖年限为5～8年。另外，公羊的精液品质好坏也对母羊繁殖力起着很大的间接影响，精液品质会影响母羊的受胎率、受精后胚胎的质量等（魏红芳和郭建来，2018）。

二、不同时期繁殖母羊饲养管理

（一）空怀期的饲养管理

羔羊断奶到母羊再次配种受胎的这段时期称为空怀期，时间一般在90 d

左右。由于产羔的季节不同，因此羊空怀期的时间也有所不同，冬季产羔的母羊空怀期在 5 ~ 7 个月，春季产羔的母羊空怀期在 8 ~ 10 个月。对于初配母羊来讲，虽然在 6 ~ 8 个月时母羊的性器官发育基本成熟，但是身体发育还未成熟，且在妊娠期间需要大量的营养物质来维持自身的体况和体内胎儿的生长发育，因此如果配种过早肯定会影响母羊自身和胎儿的生长发育，导致初生羔羊体重小、免疫力弱、容易死亡。所以，在母羊初配时要求性器官和体况都要发育成熟，一般情况下，母羊在 8 ~ 10 个月时两者发育成熟，即可开始配种。对于经产母羊饲养管理的重点是抓膘复壮，在羔羊断奶后使母羊体况恢复至良好状况，为下次配种打下良好基础。如果母羊体况恢复较差，则直接影响其受胎率，生产实践发现，良好体况的母羊第一情期其受胎率可达到 80% ~ 85%，而体况较差的母羊其受胎率仅有 60% ~ 75%。一般情况下，在母羊配种前 45 d 需要供给其优质饲料，保证母羊获得充足的营养物质，对膘情不好的母羊更应该加强饲喂。在母羊饲养过程中，可将其移至优质牧场或者增加精料的补充，以此来促进母羊上膘发情，进而做好发情鉴定，找准时机进行配种。有研究表明，在母羊的饲料中添加适量铬可以使其初次排卵期和发情期提前，缩短母羊发情间隔，使羔羊的初生重有所提高。对于母羊的发情，可使用公羊诱导其发情（刘刚，2020）。

空怀期母羊的精料配方。根据空怀期母羊的营养需要，精饲料配方可参考：玉米 58.92%、豆饼 23.24%、糠麸 13.59%、石粉 1.95%、食盐 1.00%、小苏打 1.00%、添加剂 0.30%。空怀期母羊配种前补饲 15 d，每天补饲 0.25 kg/d（王强，2015）。

（二）妊娠期的饲养管理

妊娠前期因胎儿生长发育较慢，所需营养无明显增多，但要求母羊保持良好膘情，维持配种时的体况。在青草季节，一般放牧就可满足母羊的营养需要，不需补饲。在枯草期，放牧吃不饱时，喂些秸秆或野干草即可。在管理上要避免喂饲霜冻或霉烂变质的草料，不饮冰水，不使其受惊猛跑，不爬大坡，以防发生早期流产。此期日粮可由 50% 豆科牧草、30% 干草、10% 青贮料和 10% 精料组成。

妊娠后期是胎儿生长发育最快的时期，90% 的初生重都是在此期完成的。如果这一阶段母羊营养供应不足，就会带来一系列的不良后果。如羔羊体小、毛少、吸吮反射推迟、生理机能不健全、抵抗力弱、容易发病死亡等，母羊本身在分娩时也容易出现衰竭、泌乳减少等情况。因此，为保证胎儿的正常发育，并为产后哺乳储备营养，应加强对妊娠后期母羊的饲养管理。妊娠后期，母羊比空怀期需要更多的能量、蛋白质、矿物质及维生素等营养物质。日粮能量水平比空怀期应增加30%～40%，蛋白水平增加40%～60%，钙、磷增加1～2倍，维生素增加2倍。因此，除放牧外，每天应补饲干草0.8～1.2 kg、青贮饲料1.0～1.50 kg、精料0.3～0.5 kg，根据日粮情况适当增加矿物质及维生素含量。但也要避免此期母羊过肥，因为过肥的母羊易出现食欲不振，反而使胎儿营养不良。母羊产前1个月左右，应适当控制粗料的饲喂量，尽可能喂些质地柔软的饲料，如氨化、微贮或盐化秸秆、青绿多汁饲料，精料中增加麸皮喂量，以利通肠利便。在产前1周，要适当减少精料饲喂量，以防胎儿过大造成难产。妊娠后期母羊的管理，要围绕保胎进行考虑。冬季注意圈舍的保暖防风，做到不拥挤，通风良好。仍须坚持放牧，每天放牧可达6 h以上，游走距离8 km以上。临产前1周左右不得远牧，以便分娩时能回到羊舍，但不要把临近分娩的母羊整天关在羊舍内。放牧时翻山过沟要慢赶，不要使其过度疲劳。归牧时控制羊群，避免紧迫急赶，进出圈舍要慢。草架、料槽及水槽都必须有足够的数量，防止羊群喂饮时相互挤压。应注意饮用清洁水，冬季忌饮冰碴水，早晨不空腹饮冷水，以防流产。忌喂发霉变质饲料及冰冻饲料。产前4周，应把母羊从大群中分开，单放一圈（王强，2015）。

妊娠期母羊的精料配方。根据妊娠期母羊的营养需要，精饲料配方可参考：玉米58.92%、豆饼23.24%、糠麸13.59%、石粉1.95%、食盐1.00%、小苏打1.00%、添加剂0.30%。妊娠前期母羊补喂0.25 kg/d；妊娠后期母羊补喂0.50 kg/d（王强，2015）。

（三）泌乳期的饲养管理

母羊哺乳期一般为3～4个月，可分为哺乳前期（1.5～2个月）和哺乳后期（1.5～2个月）。母羊的补饲重点应在哺乳前期。母乳是羔羊生长发育所需营养的主要来源，特别是产后前20～30 d，母羊泌乳多，则羔羊发育好、抗病力强、成活率高。如果母羊营养跟不上，不仅母羊消瘦、产乳量少，而且会影响到羔羊的生长发育。因此，为了满足母羊的正常体况和羔羊的生长发育，必须加强对哺乳母羊的饲养管理，加强放牧，并根据泌乳量及羔羊数量给母羊进行补饲，提高泌乳量。产单羔的母羊每天补饲精料0.3～0.5 kg、青干草1.0 kg、多汁饲料1.5 kg。带双羔母羊每天补饲精料0.4～0.6 kg、青干草1 kg、多汁饲料1.5 kg。特别要注意补充多汁饲料，如胡萝卜等，确保母羊乳汁充足。刚生产的母羊腹部空虚，体质弱，体力和水分消耗很大，消化机能稍差，应供给易消化的优质干草，饮盐水和麸皮水等，青贮饲料和多汁饲料不宜给得过早、过多。产后3天内如果膘情好，可以少喂精料，以防引起消化不良和乳腺炎。3天后逐渐增加精饲料的用量，同时给母羊饲喂优质青干草和青绿多汁饲料，促进母羊的泌乳机能。1周后逐渐过渡到正常标准，做到恢复体况和哺乳两不误。同时保证饮水，保持圈舍干燥清洁（刘刚，2020）。

哺乳后期母羊泌乳量逐渐下降，羔羊也已具备了一定的采食和利用植物性饲料的能力。此时羔羊依靠母乳已不能满足其营养需要，需加强对羔羊的补饲。对哺乳后期的母羊应以放牧为主，补饲为辅，逐渐取消精料补饲，以补喂青干草而代之。母羊的补饲水平要根据母羊的体况作适当调整，体况差的多补，体况好的少补或不补。有条件的或实施多产制生产方式的可实施早期断乳，使用代乳料饲喂羔羊。羔羊断乳前7～10d应减少母羊的多汁饲料、青贮饲料和精料喂量，以防止母羊发生乳房炎。但对个别体况较差的还要注意补饲，以利于下一个配种期的繁殖羔羊断奶后可按体况对母羊重新组群分别饲养，以提高补饲的针对性和补饲效果。管理上应注意圈舍清洁卫生，勤换垫草。经常检查乳房，细心观察母羊和羔羊的采食和粪便，发现异常及时治疗。母羊产后1周内与羔羊一起在圈内饲养，羔羊1周后至断奶可与母羊一起适当放牧，断奶后羔羊与母羊分群放牧饲养。对于产后无奶或奶量少者可用喂粥法催奶。粥料加工方法为先用少量水把粉状精料冲稀，将疙瘩研开，待锅内水沸腾后倒入，不停地搅拌以防烟底。5～10min停火，晾温以备饲喂。冬季料水比为1∶10～1∶15，夏季为1∶20～1∶30。精料中可加入1%～2%的食盐，既增加适口性，又可补充氯和钠。精料可全部改用粥料，亦可用少部分干湿料拌喂。如果产后1～2d奶少，用鸡蛋4个、红糖100g、白酒100g，拌少许饲料喂给（刘刚，2020）。

三、日粮中营养物质对母羊繁殖的影响

（一）蛋白质缺乏对母羊繁殖的影响

蛋白质是一切生命的物质基础，是形成身体各种器官及组织的原料，也是体内各种激素的主要成分。蛋白质缺乏影响羊的内分泌活动，使性腺机能发育受阻或减退，生理机能紊乱，青年母羊卵巢和子宫发育不良，呈幼稚型，初情期推迟，不发情或发情不明显。成年母羊也可表现为不发情、安静发情、排卵数减少或发情不排卵（假发情）。蛋白质缺乏还可直接引起性细胞发育受阻和胚胎死亡等，可通过影响动物的生殖内分泌活动而间接影响胚胎发育，出现流产、弱羔、死羔、母羊缺乳、贫血等病症（张春香等，2010）。

（二）碳水化合物缺乏对母羊繁殖的影响

碳水化合物中的葡萄糖是胎儿生长发育、乳腺等代谢的唯一能源，如果供给不足，可使胎儿发育受阻、初生体质量小，抗病力差，母羊缺乳。妊娠母羊碳水化合物严重缺乏时，会动用体内储备的脂肪、蛋白质作为能量来源，引起酮症或酮症酸中毒。血液中过高的酮体将通过胎盘进入胎儿体内，影响和损伤早期胎儿神经系统的发育。长期饲喂单一劣质作物秸秆的羊群（饥饿羊群）会出现碳水化合物缺乏现象，一般情况下不会发生。

（三）维生素缺乏对母羊繁殖的影响

1. 维生素A缺乏

母羊体内维生素A缺乏可导致性成熟延迟、卵细胞生长发育受阻，虽有少数卵细胞可发育到成熟阶段，并有受精能力，但流产多，产下的羔羊眼瞎或行走不协调，母羊出现胎衣不下和子宫发炎。患维生素A缺乏症的羊不易吸收胡萝卜素。羊采食过多的含氮牧草可在体内形成亚硝酸盐和硝酸盐，阻碍胡萝卜素转化为维生素A，这就是羊吃了富含胡萝卜素的牧草后仍患维生素A缺乏症的原因。注射维生素A可防止这种情况发生。

2. 维生素E缺乏

羊缺乏维生素E，体内氧化过程加快，氧化产物积累增加，对羊繁殖机能产生不良影响。母羊缺乏维生素E，出现受胎率下降、胚胎和胎盘萎缩、流产。大量的研究证明，动物体内维生素E和硒有密切的生理学上的联系，它们能预防细胞膜脂氧化，提高生殖细胞的生活能力。在日粮中补充维生素E的同时，又补充硒（如亚硒酸钠），其效果比单独补充维生素E或硒要好。

（四）矿物质缺乏对母羊繁殖的影响

1. 钙磷缺乏

日粮中钙磷比例为 $1.5:1 \sim 2:1$ 时效果最好。当钙磷比例小于 $1.5:1$ 时，可导致羊受胎率下降，出现难产和胎衣不下，容易发生子宫和输卵管炎症；钙磷比例大于 $4:1$ 时，繁殖性能明显下降，会发生阴道和子宫脱垂、子宫内膜炎、乳腺炎、产后轻瘫。钙磷比例失调还可引起胎儿发育停止、畸形、流产。羊日粮缺磷，往往导致卵巢萎缩、母羊屡配不孕，或发生中途流产，或产下的羔羊生活力很差。日粮中添加磷制剂可大大改善羊的繁殖机能，提高母羊受胎率和羔羊体增重。日粮中磷的含量过高，也会抑制母羊的繁殖机能，如引起卵巢肿大，配种期延长，受胎率下降。据报道，家畜日粮中的磷比实际需要量低50%时，不育率就会增加40%，而加入二磷酸钠后，不育率就会降低50%以上。

2. 钠和钾缺乏

在大量施用钾肥的草地上放牧的羊摄入过多的钾，可导致钾钠比例失调，机体出现缺钠现象。而缺钠常使羊发生机体酸中毒、生殖道黏膜发炎、卵巢功能不全或卵巢囊肿。大量研究证明，钾和钠的适宜比例为5:1。当钾钠比例超过10:1时，会导致母畜受胎率降低。如果饲料中缺钠，可导致母羊子宫收缩迟缓、胎衣滞留、性欲减退、排卵周期延长、卵巢囊肿变性。

3. 锰缺乏

缺锰母羊生殖器官发育迟缓，首次发情时间推迟，卵巢的生长卵泡发育和排卵停滞，受精率下降，胎儿吸收，出现流产和早产现象。缺锰山羊发情表现不明显，虽然有些羊能正常排卵、受精，但受胎率比正常羊低35%～40%，产出的公羔多，母羔少。这可能是由于雌性胎儿对锰的需求量较大，缺锰时雌性胎儿首先死亡。

4. 锌缺乏

母羊缺锌时，表现发情紊乱，初情期和产后发情期大大推迟。长期缺锌会导致卵巢萎缩、机能衰退，胚胎致畸或死亡。

5. 硒缺乏

缺硒也可造成母羊受胎率下降和胚胎死亡。给母羊补硒，可以防止流产、胚胎死亡，降低不孕症和提高繁殖力（索朗拉姆，2011）。

第二节　肉用羔羊的饲养管理

羔羊饲养管理的效果好坏对羔羊的正常生长发育和健康成长程度等都可能产生重要的影响（图5-1），所以认真做好羔羊的饲养管理工作是提高羔羊成长品质的重要条件。羔羊育肥的饲养管理条件较为严格，因为羔羊对于外界恶劣环境的抵抗能力较弱，只有保证饲养管理工作细致严格，才能更好地保证羔羊的育肥效果（彭平顺，2021）。

羔羊的生理特点是身体各器官的发育还不够健全，各项机能的发育还不够完善，极易受到不合理的饲养管理方法和不良的养殖环境等因素的影响而患病死亡，因此，羔羊阶段是肉羊整个生育期死亡率最高的阶段，而羔羊的成活率在很大程度上决定着羊场的经济效益。大部分羊场的羔羊成活率并不高，在正常的饲养管理情况下，只有羔羊断奶成活率达到95%以上才算合格，但是，这一指标很多羊场都没有达到，有的羊场的羔羊断奶成活率甚至仅达到50%，这就造成了肉羊养殖经济效益低下。因此，要加强羔羊阶段的饲养管理，进行精心的饲喂、科学的管理，以促进羔羊的生长发育，提高羔羊的健康水平和抗病能力，从而提高羔羊的成活率和体质，为后期的肉羊生产奠定基础（张海军，2021）。

图5-1　肉用羔羊（黄玉富，2017）

一、初生期的饲养管理

羔羊的饲养管理在实际生产中至关重要，养殖场需要不断提升饲养管理水平，抓好母乳关和科学消毒环节，防止羊群出现应激及感染病原微生物。

（一）强化饲养管理

羔羊出生后的1个月内还不能大量采食草料，以母乳为主，但要早开食，促进瘤胃的发育和微生态体系建立，平日训练其吃草料，逐渐促进胃肠蠕动。2月龄以后让羔羊逐渐以采食为主，哺乳为辅，重点放在羔羊的补饲上。饲料要求多样化，注意个体发育情况，随时根据实际情况调整饲料配方。有条件的羊场可自己发酵饲料进行饲喂，有利于羊的提前发育。如果有定期出牧的习惯，放牧时一定要选择草质较嫩的草区，1月龄羔羊放牧时间控制在2 h即可，2月龄可适当延长至4 h，3月龄以上可延长至6 h以上。断奶后1个月之内的羔羊容易发生腹泻，这是由于瘤胃未适应精料而引发，可通过在饮水中加入益生菌的方法来解决。每年至少进行2次全场驱虫工作，尤其是驱灭危害较大的蜱虫、螨虫、线虫、吸虫等。

（二）抓好母乳喂养

羔羊出生后第一时间让其吃上初乳，初乳的乳汁中含有大量的母源抗体，能够帮助羔羊平稳度过哺乳期。为了保证母乳质量，一定要采用科学的饲喂方式，母羊以粗料为主，精料为辅，粗料以青绿饲料为最优选择，精料应为哺乳期母羊专用料。为了防止乳房炎的发生，母羊产后可肌内注射头孢噻呋来进行抗感染，分娩过程中若出现难产，人工助产时需做好无菌操作。若发现母羊的乳房有肿胀，羔羊吮乳时母羊表现疼痛而拒绝哺乳，此时需对乳房局部进行检查，必要时进行乳汁检测，确诊为乳腺炎时务必及时治疗。定期对乳房局部进行清洗消毒，防止表面的病原微生物在羔羊吮乳时进入口腔而造成感染。

（三）防止热应激

应激会对羔羊产生隐性危害，在应激作用下，羔羊机体的免疫力会出现暂时性下降，进而易感染环境中存在的病原菌，体内机会致病菌在免疫力暂时下降时也会出现快速增殖而引发疾病。羔羊育羔期间应保持羊舍的干燥，防止温度变化过快，每天关注天气变化，气温骤降时提前做好防护措施。加大对羔羊的人性化管理，不粗暴驱赶，合理控制饲养密度，禁止饲喂发霉、变质和过期的饲料。接种疫苗时动作要轻柔，尽量选择天气晴朗的日子免疫。炎热季节可在饮水中添加维生素 C 以起到抗热应激作用。

（四）做好卫生消毒

断奶前羔羊大多跟着母羊一起生活，母羊的行为、疾病等情况对其影响较大，在关注羔羊管理的同时也应做好母羊的管理。为了将环境病原微生物数量降至最低，建议每天对舍内地面进行清扫，环境潮湿的可在地面撒生石灰，生石灰具有吸潮作用，使地面保持干燥，同时吸潮后显碱性，也能起到杀菌功效，不过需要提醒的是，撒生石灰粉最好在羊赶出舍后进行，防止撒灰过程中灰粉对呼吸道造成刺激。定期对羔羊体表进行检查，发现有伤口、溃烂、破损等情况时，及时涂抹碘伏或紫药水进行消毒。所有外来人员和车辆须严格按照程序消毒后再允许进入（王素红等，2021）。

二、哺乳期的饲养管理

羔羊出生 1 周后，逐渐度过初乳阶段，此时可以向羔羊投喂常乳。常乳相对于初乳，营养水平有所下降，这个阶段应逐渐增加乳汁投喂量，将身体素质较差的羔羊隔离，单独养殖，保证羔羊整齐度。在哺乳阶段，羔羊生长发育较快，体重增加迅速，到 2 周后能达到出生体重 2 倍以上，这个阶段母乳已经不能满足机体生长发育所需，此时应向羔羊提供适量的哺乳阶段饲料。通常向羔羊提供颗粒哺乳阶段的饲料，每头羔羊每天投精饲料 200 g。羔羊生长到 30 日龄后，胃肠道发育逐渐完成，此时可以向羔羊提供适量干草，并保证饮用水清洁卫生，同时要逐渐减少哺乳次数，为断奶奠定坚实基础，让羔羊能适应新的饲喂环境。在此过程中还应增加羔羊活动量，促进羔羊生长发育，提高机体免疫能力。羔羊生长到 40～90 日龄后，可以逐渐由吃奶向草料转变，并逐渐维持到 90 日龄，在此阶段应确保饲料营养价值全面，饲料种类多样，以优质青干草为主，还可以向羔羊投喂适量胡萝卜，能保证充足的维生素供给。在这个阶段还应固定好饲料投喂时间和投喂次序，早中晚各哺乳 1 次。哺乳中期应密切观察羔羊生长情况，及时将生产较为瘦弱的羔羊挑出进行短期优饲。当羔羊生长到 90～120 日龄后进入哺乳后期，这个阶段以草料为主，减少乳汁供给量。白天羔羊和母羊隔离养殖，并进行单独放牧，在放牧前可以适当补充一些干草和青绿饲料，确保饲料营养价值全面。当羔羊生长到 120 日龄后，可以实施断奶。断奶通常在夜间进行，并做好分群工作（尚勇，2021）。

三、断奶期的饲养管理

断奶通常在夜间进行，并做好分群工作。羔羊断奶之后需要进行单独组群，白天统一进行放牧，早晚补充相应的饲料。当羔羊满 4 月龄之后，根据牧草生长的实际情况，控制补充饲料的量。在牧草生长相对较为旺盛的季节，能做到只放牧但不补充饲料。如果是在严冬枯草时期，采用放牧加补充饲料的饲养方式，能实现对断奶羔羊的综合化管理。断奶之后的羔羊是生长发育的关键时期，在进行放牧管理的过程中，要挑选适合羔羊的牧草场，将出牧的时间有效控制，如果条件较好则可以在夜间补充一些更加优质的青草，帮助羔羊更好地消化吸收。为保障羔羊的生长发育，在春夏牧草条件优质的情形之下，及时进行放牧管理，在冬季出现枯草期，更是要做好饲料的补充。日常要观察羔羊的活动情况，记录羔羊的断奶时间，分析移圈的具体情况。分析养羊以及圈舍的地面设施、墙壁等材料，在用具以及圈舍的周围要及时进行消毒处理，保障羔羊生长环境的整洁性。防止羔羊出现病害问题，在羔羊剪毛之后要适当地使用药浴方案。间隔 1 周使用 1 次药浴，将最终的药浴效果提升，避免一些体外寄生虫的问题出现。在春秋两季使用抗螨敏，按照羔羊的体重来控制用量，或者灌服虫克星等药品，完成羔羊的体内驱虫，避免羔羊在生长过程中出现体外寄生虫等问题，影响生长健康。在秋冬季节，通常要为羔羊注射四联苗或五联苗，也是帮助羔羊预防病害的防护措施，能提前控制相应的疫情。早期补充饲料的训练结束之后，此时羔羊的胃部发育相对较好，能够采食各种饲草料，并且有一定的独立生活能力。在前期可以使用一次性断奶的方式，将母羊拉到其他羊舍，但是羔羊仍然留在本舍。利用这种方式将羔羊与母羊的距离感拉开，此时母子之间的声音也不会相互影响。这一技术处理方式，是从早期开始控制羔羊恋母的情形。羔羊不再寻找母羊之后，断奶饲养工作基本落实（刘金平，2021）。

四、生长育肥期的饲养管理

（一）时间确定

现阶段，为了有效保护自然生态环境，推动我国生态环境的健康可持续发展，已经由以往的圈外放养羔羊方式逐步发展转变到现在的羔羊集中饲养模式。羔羊养殖管理成本的不断增加也给广大养殖户（企业）带来了一定的经营压力，为了能够有效提高收入水平，需要及时结合我国羔羊的养殖特点来选择合适的羔羊养殖管理方式，尽量缩短羔羊养殖的时间，使羔羊能够快速出栏，为广大养殖户（企业）带来更高的经济收入。但是羔羊育肥需要较强的技术手段，对羔羊的品质也有较高的要求，因此需要养殖户提前做好羔羊饲养管理工作。根据以往经验所得，羔羊的育肥期一般会以春末夏初为起点，并将整个夏秋季节作为育肥的主要阶段。因为夏秋季的雨水相对较为充足，这也满足了植物生长的需求，同时该时期的植物种类、养分都足够丰富，使羔羊在育肥时可有充足的食物。在 9 月底到 10 月初羔羊的体重也达到了原定的计划，在该时期进行售卖相对较为合适，可以获得最大的经济效益。在此需要注意的是，养殖户需遵循动物生长规律，做好羔羊的配种工作，将羔羊预产期尽量控制在冬季。该方式可满足羔羊增肥整个时期的需求，形成完整的循环链，对提升经济效益也有积极的促进作用。

（二）羔羊选择

育肥羔羊的选择作为最主要的环节，对羔羊育肥的质量有着较大的影响，因此养殖户需加强重视程度，尽量以当地羔羊品种为主。公羊的育肥效果比母羊要好，尽量选择断奶 15 d 左右的公羊羔，体重控制在 15 kg 左右，其毛发的质量需光滑柔顺，上下颌的闭合性高，眼角须处于干燥状态，具有一定的警觉性。若羔羊本身就是养殖户自繁自养的话，需在 7～10 日龄就开始诱食，并在 16～20 日龄适当补充一些饲料。该方式可为后期的育肥计划奠定坚实的基础，且能有效地缩短实际育肥时间，提高羔羊的出栏率。由于该阶段羔羊的消化系统相对较为薄弱，因此养殖户应尽量选择一些易消化的饲料，并适当在其中添加一些羔羊成长所需的营养成分。同时在育肥 1 个月左右就给羔羊饲喂青干草、精料以及一些矿物质等，并根据羔羊的实际成长情况适当增加饲料量。在此需注意的是，投放饲料的总量需保证羔羊能够在半小时内食用完毕。

（三）羊舍准备

羊舍作为羔羊育肥的主要环境，和羔羊的质量以及成活率有着密切关联性，养殖户应当合理选址，并构建完善的圈舍，为羔羊创造良好的生长环境。圈舍内需具有较强的通风效果，由于羔羊产区一般处于高原地带，夏季时太阳辐射相对较强，光照时间较长，因此首先需做好避阳处理工作，避免阳光直射对羔羊的成长造成影响，同时因冬季的温差相对较大，最低温度会达到 -20℃左右，且气象灾害天气较多，常伴有冰雹、霜冻、雪灾与大风等，因此需保证圈舍能够抵抗冬季各种灾害。其次，需严格把控各圈舍中羔羊的总数，并配备相应的羔羊槽位及草架。在羔羊入舍前，养殖人员应当对圈舍进行全面消毒处理，避免各种病原微生物的滋生影响羔羊的健康成长。在消毒清理作业完成后，须及时进行通风，并将饲养槽、各类工具进行刷洗。最后，需为羔羊的育肥储备充足的饲料，满足羔羊育肥阶段的各种实际需求。

（四）日粮配比

羔羊育肥时间一般分为前期与后期，养殖户需适时进行跟踪分析，适当调整管理策略，避免受到各种主客观因素的影响。羔羊的饮食结构种类相对较多，具有多元化的特点，对各种的植物谷类都能适应，据调查了解，玉米因营养较为丰富，对于羔羊的育肥有积极的促进作用，养殖户可将其作为主要饲料，并适当添加一些辅助饲料。该方式所起到的育肥效果最佳，且能够有效增加羔羊的抵抗力，降低各种疾病的发生率。养殖户在调配饲料时需遵循合理配比原则，单一种类的饲料其养分无法满足羔羊的生长需求，因此需在原定成本计划内选择合适的饲料进行互帮互补。同时饲料的精粗比也至关重要，须做好相应的比例把控工作，精料与粗料的比例尽量控制在 4∶6～6∶4，具体的比例可视羔羊的育肥情况来定。粗料中因含有大量的蛋白质，可有效提升羔羊的肌肉量，但是在育肥后期时，可适当提高精料的比例，增加羔羊的肥肉占比，以此来提高羔羊育肥期的质量。在此需注意应尽量选择相同种类的饲料，以免影响羔羊的消化能力，可采用逐渐过渡的方式，循序渐进地改变饲料，使羔羊能够充分适应饲料的变动，不会因为突然改变饲料而引起应激。

（五）饲喂技术

以往的畜牧业养殖基本为粗放式管理，对于羔羊的育肥而言相对较不适合，因此为了能够满足羔羊的实际需求，需采用精细化管理方式，运用科学技术将日粮加工为颗粒状。该方式不仅能够方便配比，对其投食饲养也相对较为便利。每日的投喂次数可控制在 2 次左右，在此可根据羔羊的实际情况进行调整，保证饲料能够充足供应，满足羔羊的育肥需求。同时，现阶段我国科技水平不断发展与进步，养殖户可适当引进一些自动化饲槽，降低饲料的污染及成本，提高养殖户的经济效益。因羔羊在成长阶段，若饲料中缺乏相应的盐分，羔羊会自行寻找圈舍内的杂土采食。发现此类问题应当及时在饲料中加入相应盐分。羔羊的消化能力会随着成长而逐渐增加，在前期出现呕吐现象时，需及时观察其粪便，若粪便无异常，大可不必进行喂药处理，羔羊会自行恢复（彭平顺，2021）。

第三节　育肥羊的饲养管理

一、育肥羊舍建设

（一）生长育肥期的饲养管理

羊舍应该保证和饲料储存场距离适宜，附近有方便的交通道路，电源和水源供给充足。此外，羊舍地址选择过程中还应该保证远离污染企业，工业企业以及容易产生三废物质的化工企业，避免在城市聚居区建设育肥羊舍。整个羊育肥养殖场建立养殖区域和办公区域，配置饲料储存仓库、秸秆青贮井、兽医诊疗部门。

（二）科学建设育肥羊舍

通常情况育肥羊舍可以采用全封闭建设，也可以选择半封闭羊舍，具体情况要结合当地的饲养条件和饲养模式综合确定。其中全封闭羊舍建设过程中即在羊舍四周搭建墙面，在羊舍前后墙壁上开设窗户，在羊舍顶部设置通风口和排气孔。这种羊舍建设模式能够起到很好的隔热和保温作用，冬天适当增加垫料就能够保证羊安全越冬，夏季打开窗户、通风口和排气口就能实现通风换气，对环境温度和湿度进行调整，这样羊舍适合常年育肥使用。半封闭式羊舍在南侧砌一个高为1 m的围墙，剩余东、西、北部三侧连着屋顶有窗户，这种羊舍建设模式被称为半封闭式羊舍。进入冬季之后，养殖户可以利用木架在羊舍上方搭建一个类似于封闭式羊舍的屋顶，可以用稻草或者草帘覆盖，同样能够起到全封闭式羊舍的保温作用。进入夏季之后将薄膜拆除，打开后窗进行通风换气，在圈舍中配置了饲料槽、饮水槽、垫草等设备。这种羊舍同样适合一年四季羊育肥使用。如果只是想要在夏秋季节进行育肥处理的话，羊舍在建设过程中就不需采用上述复杂的建设模式，使用半开放式的羊舍建设模式就能够满足羊育肥需求。这样的羊舍建设模式同样保留了屋顶，但是四周墙壁减少一半，形成一个简易的羊舍。舍内存放饲料和草架，在春秋季节也可以使用。

（三）做好羊舍环境卫生

羊育肥过程中，要保持圈舍清洁干净，通风情况良好，夏季羊舍温度和湿度较高时要做好通风工作，并及时清除羊粪便，减少病菌寄生场所。冬季严寒时应该减少通风，在一天气温最好时间进行小范围通风，避免引起羊应激。育肥羊最适宜温度为10～15℃，一般羊舍温度需要控制在5～20℃，湿度维持在50%～70%（潘兴翠，2017）。

二、育肥羊品种选择

最好是国外进口的优良肉羊品种，如萨福克、无角陶赛特、特克赛尔、夏洛莱等品种的后代小公羊作为育肥羊首选品种，由于遗传性能稳定，育肥效果较好；但这类羊存在着需要的饲养条件高、对本地的适应性有差异等问题。因此，为了提高育肥羊对本地的适应性，以国外优良肉羊品种改良本地羊，特别是用国外优良肉羊品种改良小尾寒羊的杂交后代为首选，这类育肥羊既继承了优良肉羊品种生长速度快、日增重高、育肥效果好的特点，又继承了我国本地羊适应性强、耐粗饲、杂交优势好的特点，育肥效果最好。

（一）个体选择

无论是改良品种、还是本地品种，只要是体格大、体况良好、膘情中等、精神状态好、健康无病的优良个体都可以作为肉羊育肥的来源。

（二）性别选择

杂交后代小公羊的育肥效果要比淘汰母牛好，因此，性别选择首选杂交后代小公羊，其次是健康无病的淘汰母羊。

（三）体重选择

杂交后代小公羊最好选择体重在 25 ~ 40 kg 的肉羊为宜；在育肥过程中，如果育肥期满但对于个别日增重仍在 0.25 kg 以上、有较大生长潜力的肉羊，也可以继续育肥直至日增重低于 0.25 kg 以下再出售。

（四）年龄选择

除淘汰母羊之外的育肥羊，其最佳育肥年龄是 6 ~ 12 月龄，此时期肉羊骨骼发育和胃肠机能基本形成，正是肌肉沉积的最好时期，日增重大、育肥速度快。

（五）外形选择

首先是健康无病，精神状态好；其次是体格较大，体宽而深，四肢肢势正，体型紧凑匀称，前望、后望呈"圆筒形"，这样的肉羊便于沉积肌肉，有利于增重（许利民，2018）。

三、育肥方式选择

（一）舍饲育肥

育肥羊在圈舍中，按饲养标准配制日粮饲料，采用科学的饲养管理，是一种短期强度育肥方式。此种方法育肥期短、周转快、效果好、经济效益高，并且不受季节的限制，可全年实施，生产羊肉产品可均衡供应市场，适应市场需求。舍饲育肥能有效组织肥羔生产，生产高档肥羔羊肉，也可根据市场需求和生产季节，组织成年羊的育肥生产。舍饲育肥期通常为 75 ~ 100 d。

（二）放牧育肥

放牧育肥是羊育肥最经济的方式，将不能做种用的公羊、母羊和老残羊以及断奶后的商品羔羊集中起来，利用天然草场、人工草场或秋茬地，在夏秋牧草生长茂盛期和农作物收获后，即8—9月放牧育肥，11月前后可出栏上市。

（三）混合育肥

混合育肥是将舍饲和放牧结合起来的一种育肥方式，即每天放牧 3 ～ 6 h，舍内补饲 1 ～ 2 次。此法在农区、牧区及半农半牧区都可采用，根据当地条件，灵活采用以放牧为主或以舍饲为主，或者放牧、舍饲并重等形式（李佳丽，2014）。

四、育肥羊的饲养管理

育肥羊饲喂过迟或过早，均会打乱羊的消化腺活动，影响消化机能，只有定时饲喂，才能保证羊消化机能的正常和提高饲料消化率。同样，饲喂量过大或过小，均不利于羊的生长发育。羊瘤胃内微生物区系的形成大概需要一个月的时间，一旦打乱恢复很慢。因此，很有必要保证饲料种类的相对稳定。更换饲料时要逐渐进行，以便瘤胃内微生物区系能逐渐适应。尤其是更换青粗饲料时，应有 7 ～ 10 d 的过渡时间，这样才能使羊逐渐适应，不至于产生消化紊乱现象。

（一）育肥期的确定

育肥期即育肥天数。老龄淘汰母羊：高精料短期舍饲强度育肥 30 ～ 40 d 出栏；羔羊：育肥 60 d 出栏；细毛羔：羊育肥 60 d 以上，而肉用或杂交羔羊在 50 d 左右。

（二）日粮配方的确定

通过科学计算制订全价配合日粮。按育肥前期、后期制订；也可全期使用一个配方而通过精饲料给量不同、调节精粗比来实现营养全额供给。

（三）饲喂方法

育肥羊一般早、晚各饲喂一次，每次精粗料饲喂量为当天的一半。日饲喂 3 次的只是在中午给未吃饱的弱势羊适当补充一点粗饲料。育肥期内，日粮的饲喂量随着羊只体重的增长逐渐增加，每次精料增加量也因羊种类不同而异，羔羊一般为 100 ～ 200 g，成年羊为 200 ～ 300 g；粗饲料相应减少，以羊吃饱为度。

（四）饮水

育肥羊的饮水一般采取自由饮水。槽式饮水应保证全天有水，水要清洁、新鲜。冬季禁饮冰碴子水；气候寒冷时晚间须将槽中水排放干净，以防结冻。

（五）补盐与舔砖

标准化育肥场采用全价日粮配方，无须另外补盐。个体育肥户饲养管理相对粗放，可将畜盐放入饲槽一端，让羊自由舔食即可。使用舔砖是给羊补充盐和微量元素最直接简单的方式，一般将舔砖悬挂于饲槽上方或放置于饲槽内，让羊只自己舔食即可。

（六）圈舍卫生

保持羊舍环境卫生对羊健康和增重至关重要。每次饲喂前饲槽中剩余草料要清理干净；饲喂后，饲喂通道要打扫干净，避免踩踏污染与浪费；羊舍要定期喷雾消毒。

（七）运动

育肥羊舍保持暗光有利于营养沉积和羊的增重。育肥羊饲喂采食期间的自由运动足以保持育肥期间的健康。适当限制运动也有利于营养沉积和增重。绝对禁止羊只静卧反刍时受到人为的冲击骚扰。

（八）疾病防治

育肥过程中难免有个别羊出现损伤或疾病，要及时发现，隔离治疗，特别照顾，使其及早康复，不影响育肥效果。育肥羊常见疾病有：酸中毒、瘤胃积食、沙门氏菌病、肺炎、尿球虫病、肠毒血症和结石病等（张敏等，2019）。育肥羊要定期做好免疫注射，在羊痘和羊三病流行和受威胁的地区，每年要进行预防注射，定期进行药浴，驱虫。据报道，母羊产前 2～3 周注射 1 次羔羊痢疾菌苗，羔羊出生后用磺胺脒等药物预防羔羊痢疾及肺炎。同时，必须做好羊口蹄疫预防，保证育肥羊健康成长。每年春秋两季要对羊群进行驱肝片吸虫各 1 次。对寄生虫感染较重的羊群可在 2～3 月提前 1 次治疗性驱虫。对寄生虫感染较重的地区，还应在入冬前再驱 1 次虫。为驱除羊体外寄生虫，预防疥癣等皮肤病的发生，每年要在春季放牧前和秋季舍饲前进行药浴（尤海亮等，2012）。

（九）添加剂使用

育肥羊是否添加饲料添加剂效果大不相同。适用于肉羊育肥的添加剂分单一和复合 2 种。常见的有微量元素、维生素微量元素复合添加剂、饲用酶制剂、微生态制剂及氨基酸添加剂等。

五、育肥羊的生产管理

（一）断尾

在羔羊出生一周后进行断尾。如果天气过于寒冷或者羊只体型较为瘦弱，可以将断尾时间适当延后。断尾工作通常选择在晴天的早上进行，不得在傍晚或者阴雨天进行断尾。一般采用热断法以及结扎法进行断尾。

（二）去势

一般在羔羊出生 2～3 周以后对不作种用的公羔羊去势。去势可以单独进行也可以与断尾同时进行。通常在上午去势，从而对去势羊进行全天观察以及护理。

（三）修蹄

在育肥过程中要及时合理地对肉羊修剪蹄部。如果发现肉羊的蹄冠部位、蹄底或者蹄趾间皮肤红肿，出现跛行，分泌出臭味黏液的情况，必须及时进行检查治疗。

（四）驱虫

每年在春、秋两季要对育肥羊采用敌百虫、丙硫咪唑等进行 2 次预防性驱虫。在驱虫后的 1～3 d 以内，必须将羊群安置在指定的羊舍内或者放牧地点进行放牧，以防寄生虫及其虫卵对干净的牧地造成污染（游淑梅，2019）。

六、育肥羊的直线育肥技术

直线育肥具有增重效果好、胴体质量好、饲料转化率高、屠宰率高、经济效益高的特点。羔羊早期断奶直线育肥在 3～5 月龄，正好与羔羊快速生长期相吻合。

（一）直线育肥的方法

1. 全精料育肥

全精料育肥即育肥期内不喂粗饲料。其饲养成本高、设备要求高、技术性强，不易被群众接受和掌握。一旦技术运用和操作管理不当，会引起较大损失。

2. 舍饲强度育肥

在早期补饲、早期断奶基础上，利用羔羊已习惯采食精饲料的特点，加以高精料强度育肥，达到快速育肥出栏、生产优质肥羔的目的。突出特点是精饲料与粗饲料并用不易发生消化道疾病，饲养成本低；精饲料占的比重较大，在 50% ～ 60%，增重较快；羊肉味道鲜美。这种方法已被群众接受。

（二）直线育肥注意事项

1. 断奶与育肥过程紧密衔接

羔羊早期断奶后要紧接着进行直线育肥，不可中途停顿，否则会产生不良影响，降低育肥经济效益。

2. 育肥日粮与断奶日粮平稳过渡

用育肥日粮部分替代断奶日粮，逐步加大其在断奶日粮中的比例，直至最后全部使用育肥日粮。这一过程持续时间长短要视羔羊采食、消化情况而定，一般需要 7 ～ 10 d。

3. 育肥期内不宜频繁更换日粮配方

羔羊舍饲强度育肥期一般 50 ～ 60 d。由于饲养期较短，整个育肥期内采用一个饲料配方为好。

4. 颗粒饲料的应用

颗粒饲料具有体积小、营养全、浓度大、不易挑食、浪费小等特点。颗粒饲料比粉状饲料提高饲料报酬 5% ～ 10%，且适口性好，羊喜欢采食。在实施早期断奶强度育肥时提倡应用颗粒饲料。

第四节　肉用种公羊的饲养管理

一、肉用种公羊的选择

（一）种公羊的选择

在种公羊的选择上要注意根据生产上的需求选择繁殖力高的种公羊，所选择的品种要与母羊有较高的配合力，并且对本场的环境以及饲料资源有着良好的适应性（图 5-2）。公羊个体的繁殖力差异很大，繁殖力较高的公羊，其后代一般都具有同样高的繁殖力。良好的种公羊的外貌特征表现为体质结实，结构匀称，头宽而短，眼睛大而有神，颈部粗短，前胸发育良好，胸宽而深，后躯较为丰满，腰部强有力，四肢粗壮。对成年公羊要进行严格的选择，除了要观察体型外貌是否符合要求外，还要看睾丸的生长情况，一般公羊睾丸的大小可以作为多产性的标准，大睾丸后代中母羊的初情期要比小睾丸后代中母羊的初情期要晚，同时，阴囊围大的公羊的交配能力较强。留种时要注意睾丸的情况，凡是出现隐睾、单睾、睾丸过小、畸形、质地坚硬、雄性特征不明显的，都不能留作种用。选择种公羊时，除了要注意血统及外貌特征外，还要了解其配种能力以及性欲是否旺盛，要经常检查精液的质量，包括 pH 值、精子的密度、精子的活力等指标。对于长期性欲低下、配种能力不强、射精量少、精子密度小、畸形精子数量多、活力差、配种受胎率低的公羊都不作种用。从自家羊场留种时，在选择幼龄公羊时，要注意看其生长发育的状况，是否来自多胎羊，并要考察其父母代的生产成绩，幼龄公羊最好从第 2、3 胎中选留，并且要留有足够的数量。当种公羊参与配种时，要对其所产的后代进行生产性能的鉴定，对后代品质较差的公羊要及时淘汰。在选留幼龄公羊和年青公羊时，可以在不良的环境条件下进行抗不育性选择，因为在不良的生活环境下更容易发现繁殖力低的种公羊。可以便于选择出品质好、繁殖力强的种公羊，以提高羊群的遗传素质（乔雪，2016）。

图 5-2　种公羊（陈直，2015）

（二）引进种公羊的注意事项

引种时要避开疫区，也要尽量避开放牧区，因为以放牧形式饲养的羊群更容易携带各种病原。对引进的种公羊要进行严格的检疫和隔离观察，防止其将病原携入养殖场。选择舍饲的种公羊进行引种，相对风险会小很多，因为其在养殖过程中已经进行常规的免疫接种，携带病原的可能性较小，也更容易适应引进后的舍饲环境，当然，对引进的舍饲种公羊也要进行严格检疫，尤其要检测布鲁氏菌病。选择种公羊时要选择体况良好的公羊，其具有光滑而整齐的被毛，精神状况良好，性欲旺盛。年龄处于 2～5 岁的壮年期。还要对种公羊的精液进行鉴定，考察其精液的质量优劣。通常使用的方法为"一闻三看"。闻，是对精液的气味进行鉴定，考察其气味是否正常，正常的精液具有浅淡的腥味。看是对精液的颜色、射精量以及精液的云雾状进行观察，正常的精液应当是乳白色或者略呈灰白色，正常的公羊每次射精量应在 0.8 mL 左右，且精液呈现云雾状。除肉眼观察，还需要进行镜检，通过镜检观察到精液的活力应高于 0.8，且应填充整个视野。还应当检测精子的畸形率，防止购买到精子畸形率过高的公羊（贾玉峰，2019）。

二、不同时期种公羊饲养管理

（一）冬夏季节非配种期

母羊在冬季时发情会比较少，所以在冬季种公羊就可以整顿休息储备精力。当低温季节到来后，需要注意羊舍的保温工作，可以安装暖气以免种公羊冻伤睾丸影响来年的交配。对于放牧的公羊，在寒冷的大雪天气，就应该停止放牧。如果天气较为温暖，可以适量地增加种公羊的活动量，这样可以提高其精子质量。在夏季时，种公羊会因为炎热的天气而影响食欲，食用量减少，这就导致其摄入的营养物质不足，不仅会使种公羊的精液质量下降，性欲降低，还会影响种公羊的自身健康。种公羊在非配种期的饲养最为关键的一点是保证其能够得到充足的营养、足够的休息，保持其良好的身体情况。除日常投喂的饲料之外，还需要补充一些青绿饲料和优质的干草。对于一些放牧的种公羊，在放牧完成回到羊舍后也需要再投喂一些精饲料，因为这个时期的投喂量需要比正常饲养量高一些。另外，要对种公羊进行驱虫，并且要彻底地杀死寄生虫，既可以保证种公羊的自身健康，又避免种公羊传染给交配的母羊，影响受孕率和羔羊存活率（刘宁，2021）。如参考配方为饲喂配合精料 0.5 kg/（头·d），早晚供应充足饮水各 1 次，补饲干草 3 kg/（头·d），食盐 7 g/（头·d）左右，如果有胡萝卜可饲喂 0.5 kg/（头·d）。

（二）春秋季节配种时期

根据配种前后营养供给差异，还可以再细分为：配种前 1～1.5 个月为预备配种期、配种期、配种后 1 个月左右为配种后期 3 个阶段。其中在预备配种期（配种前 1 个月），首先给种公羊驱虫，进行体内外寄生虫防治。然后定期检测公羊的精液品质，抽检 15 次左右，确保种公羊精液质量。因为种公羊精子生成需要 50 d 以上，从预备配种期就开始饲喂 70% 左右的配种期复合精料供给量，对种公羊精液抽检主要是因为营养物质供给见到成效的时间较长，通过抽检可以适时调控复合精料的供给量，为确保配种质量打好基础。在配种开始前 45 d 左右这段时间日粮中如果维生素缺少时，可引起种公羊的睾丸萎缩，容易造成射精量减少、畸形精子增加，也会造成精子受精能力降低；而微量元素如钙、磷等营养比例平衡也是保障种公羊精子质量的重要条件，钙、磷比不低于 2∶1，防止尿结石；最重要的是日粮中蛋白质的供应充足与否直接影响种公羊的性欲，进一步影响射精量和精子密度，因此这个阶段到配种结束划定为种公羊的配种期。这个阶段应该供给营养全价的配合饲料，并搭配优质饲草，保障种公羊营养供给充足。参考配方为体重达到 80 ～ 90 kg 的种公羊需要饲喂混合精料 1.4 kg/（只·d），食盐 15 g/（只·d）左右，补饲优质干草如苜蓿干草等 2 kg/（只·d），另外饲喂胡萝卜 1 kg/（只·d）左右。这样营养供给可保障种公羊可采精 2 ～ 3 次/（只·d），然后休息一天再利用。如果配种任务繁重，则应该提前 15 d 开始，饲喂鲜牛奶 0.5 ～ 1 kg/（只·d）。同时要保障种公羊充足饮水，驱赶运动时间不少于 2 h/d，饲草分 2 ～ 3 次/d 供给。夏季炎热必要时可提前剪毛，并且种公羊最好单圈饲养，应该给公羊创造凉爽的环境条件，防止热应激。需要注意的是在配种期的种公羊要远离母羊。

三、肉用种公羊的饲养技术

供给营养价值高的日粮，实行合理的饲养，才能使公羊保持种用体况，体质结实，精力充沛，性欲旺盛，精液品质好，配种成绩高。但营养水平过高，可能会使公羊体内脂肪沉积过多，变得过于肥胖，从而影响配种能力；营养水平过低，会使体内脂肪和蛋白质损耗，造成体内碳和氮的负平衡，变得过于瘦弱，从而使精子数量减少，精液质量下降。

（一）保证充足营养

保证供给充足的营养。蛋白质是精子产生的物质基础，供给不足将会影响公羊的精子数量和质量，甚至造成性欲低下。饲料中矿物质应全面，尤其是钙磷的比例要平衡，保持在 1.5 ～ 2.1。维生素对精液的品质影响很大，特别是脂溶性维生素，因此，应适当饲喂青绿多汁饲料。微量元素在日粮中所占比例虽小，但作用不可忽视，越来越多的微量元素被证实与动物的繁殖性能有关。微量元素对繁殖机能的影响，主要是通过引起内分泌系统激素分泌失调、酶活性降低以及生殖器官的组织结构变化而导致繁殖力的下降。如硒、锌、碘、镁等不足都会影响公羊生殖器官的发育和精子的产生，但过多会造成机体中毒，损害生殖器官，从而降低其繁殖力。总之，要获得数量多和高质量的精液，饲料要多样化，达到营养互补，保证供给公羊充足均衡的营养。

（二）合理饲喂

1. 配种期的饲喂技术

种公羊的饲料体积要小，且多样化，饲料体积过大会形成草腹，严重影响采精与配种，每天粗饲料的采食量一般占体重的 1.5% ～ 3%。放牧的同时应补饲富含粗蛋白、维生素和矿物质的混合精料与青干草。粉碎玉米易消化，但热量高，因此喂量不宜过大，否则造成公羊过肥，从而降低性欲，经实践证明，玉米占精料的 1/4 ～ 1/3 即可。干草以豆科青干草与禾本科青干草为佳。公羊的补饲量应根据公羊的体重、膘情与采精次数来确定。

2. 非配种期的饲喂技术

在配种期快结束时，应逐渐减少精料的补饲量，以放牧为主，使公羊保持中等膘情，肥瘦适中（张松山等，2010）。

（三）添加剂的使用

因维生素 E 与性机能密切相关，它通过垂体前叶分泌促性腺激素，调节性机能，可以促进精子的生成和活动，所以在饲料中添加维生素 E 可以提高精液质量，但不能过量，添加量为常量（30 mg/kg 维生素 E）的 50 倍时，精子密度和鲜精活率最佳。另外研究发现中草药添加剂对湖羊生产性能具有影响，湖羊血清中生长激素（GH）和胰岛素样生长因子 –1（IGF–I）含量随着添加中草药量的增加而呈升高趋势（毛绍斌，2008）。GH 促进物质代谢与生长发育，尤其是对骨骼、肌肉及内脏器官的作用最为显著，从而表现出生长性能的提高；IGF–I 促进细胞增生、分化、刺激细胞 DNA 和蛋白质合成，促进长骨生长（王芸和王海丽，2017）。

四、肉用种公羊的管理技术

（一）提供舒适的畜舍环境

要保证羊全年均衡生产，冬季应注意防寒保暖，有充足的垫草，夏季应做好防暑降温工作，特别要防止高温引起的热应激。Terawaki 等（1997）研究发现，在热应激条件下，精子活率和精子顶体完整率分别为76.7% 与72.7%，为全年最低水平，因此，羊舍可采用湿帘降温系统来缓解热应激，也可利用排风扇加快舍内空气流通。除了给公羊提供一个冬暖夏凉的环境外，还要保证羊舍清洁干燥、阳光充足、空气新鲜，这对提高精液产量和质量都很重要。

（二）制定合理的管理制度

1. 实行单圈饲养

公羊和母羊长期饲养在一起，会使公羊性欲减退，影响配种能力，还易导致早配、滥配的情况发生，不易记录，影响整个群体的生产效益。公羊生性好斗，在配种期间性情暴躁，单圈饲养可防止角斗与伤亡事故的发生。

2. 适当加强运动

适度的运动可促进公羊的食欲和消化机能，增强体质，避免肥胖，提高配种能力。因此在非种期和配种准备期要加强运动，配种期应适度运动，坚持定时间、定距离、定速度，一般每天要有 4～6 h 的运动时间。

3. 做到经常刷拭羊体，定期修蹄

刷拭可保持羊体皮肤的清洁卫生，减少体外寄生虫和皮肤病，同时可促进血液循环和新陈代谢，提高精子活力，每天应刷拭 1 次。另外，种公羊应定期修蹄，一般每 1～2 个月 1 次。

（三）肉用种公羊的合理利用

1. 适度的采精频率

采精频率要根据射精量和饲养管理水平确定，采精次数过多，不但会降低精液质量，而且损害生殖机能，从而使公羊的健康受到严重影响。公羊配种前 1 个月开始采精，检查精液品质。开始采精时，每周采精 1 次，以后逐渐增加，到配种时每天采精 1～2 次，成年公羊每天可采精 3～4 次，但采精间隔时间至少为 2 h，使公羊有时间休息。应该特别注意的是，不能用激素

激发公羊的性欲，使其多产生精液，这样不但达不到预期目的，而且会对公羊生殖器官和机体造成严重损害。

2. 种公羊的合理淘汰

及时淘汰性欲低、配种能力差的公羊；淘汰有肢蹄病、精液品质差、所配母羊产仔数少、过肥或过瘦以及老龄化的公羊；注意统计种公羊的使用情况，发现病患及时淘汰，以降低生产成本，提高种公羊的利用率。

（四）做好种公羊的卫生保健和防疫工作

做好种公羊的保健工作，创造健康舒适的环境、科学的饲养管理、定期健康检查与检疫、做好疾病的预防和早期诊治、每日清圈和垫圈、每周进行 1次药物消毒、圈口设消毒池，这些工作在日常管理中都不容忽视。保证精液品质良好，需要减少垂直传播疾病，在采精、授精、胚胎移植时，建立消毒、隔离、无菌操作的卫生制度，减少环境病原微生物的污染，这是提高种公羊利用率的重要环节。

（五）运用人工授精技术

尽管家畜繁殖和遗传改良技术在不断地发展，但人工授精技术是迄今为止应用最广泛最有成效的。张居农等（1991）将绵羊的冷冻精液受胎率提高到 70%，使人工授精技术得到了广泛推广。采精器械应经过严格的洗涤与消毒，严格执行无菌操作。采精场地要宽敞、平坦、安静、清洁，技术人员应技术熟练，以免对羊只产生额外刺激，保证精液的充分回收。精液采集后要检查精子密度和活力，选用牛奶稀释液进行稀释，稀释后的精子浓度不低于7000 万个 /mL。对镜检合格的精液进行分装，一定要封闭严实，贴上标签，在 5～10 ℃下贮存，定期检查活力，精子活力不足 0.5 的严禁使用。运输过程中应避免震荡和升温（张松山，2010）。

参考文献

陈直，张晓伟，王志勇，等，2015. 种公羊饲养管理关键技术 [J]. 乡村科技 (15)：9.

达娃卓玛，2013. 营养状况对母羊繁殖性能的研究 [J]. 科技传播，5(14)：130-131.

董文霞，2019. 种公羊的饲养管理要点 [J]. 畜牧兽医科技信息 (9)：93.

郭立宏，2017. 肉用种公羊保健技术 [J]. 现代畜牧科技 (7)：20.

黄玉富，2017. 舍饲肉用种公羊的饲养管理技术 [J]. 甘肃畜牧兽医，47(11)：111，114.

贾玉峰，2019. 舍饲种公羊的选择、管理与利用 [J]. 养殖与饲料 (12)：61-62.

李佳丽, 2014. 育肥羊的饲养管理 [J]. 中国畜牧兽医文摘, 30(10): 101.

梁炎锋, 2015. 浅谈舍饲养羊的饲养管理技术与羔羊常见病的防治 [J]. 农业与技术, 35(24): 163-164.

刘刚, 海龙, 2020. 繁殖母羊的饲养管理技术要点 [J]. 现代畜牧科技 (11): 19-20.

刘金平, 2021. 羔羊早期断奶饲养管理技术 [J]. 吉林畜牧兽医, 42(11): 77, 79.

刘宁, 2021. 种公羊饲养管理的要点 [J]. 吉林畜牧兽医, 42(10): 95.

马洪亮, 2019. 肉羊舍饲育肥技术 [J]. 现代畜牧科技 (9): 30-31.

毛绍斌, 2008. 中草药对湖羊生产性及血清生化指标的影响 [J]. 中国饲料 (7): 24-26.

蒙晓雷, 2020. 羔羊不同生长时期的饲养管理 [J]. 兽医导刊 (3): 67.

潘兴翠, 2017. 育肥羊的饲养技术与管理 [J]. 农业工程技术, 37(17): 69.

彭平顺, 2021. 羔羊育肥的饲养管理研究 [J]. 饲料博览 (10): 66-67.

乔雪, 2016. 肉用种公羊的饲养管理 [J]. 现代畜牧科技 (5): 43.

曲桂梅, 2018. 种公羊不同阶段的饲养与管理 [J]. 现代畜牧科技 (7): 42.

任丽琴, 张雷, 王净, 等, 2021. 日粮能量水平对母羊繁殖性能影响的研究进展 [J]. 饲料研究, 44(3): 144-147.

尚勇, 2021. 羔羊不同生长时期饲养管理 [J]. 畜牧兽医科学 (电子版)(2): 30-31.

孙福文, 周桂华, 2017. 浅谈种公羊的饲养管理 [J]. 吉林畜牧兽医, 38(7): 50.

索朗拉姆, 2011. 饲养管理不当对羊繁殖性能的影响 [J]. 畜牧兽医杂志, 30(4): 84-86, 88.

王强, 龙艳丽, 2015. 繁殖母羊的饲养管理 [J]. 当代畜禽养殖业 (5): 10-11.

王素红, 袁静, 赵国慧, 等, 2021. 羔羊的科学饲养管理措施 [J]. 养殖与饲料, 20(5): 46-47.

王芸, 王海丽, 2017. 浅谈提高种公羊利用率的几项措施 [J]. 山东畜牧兽医, 38(1): 17-18.

魏红芳, 郭建来, 2018. 影响羊繁殖力的因素与提高羊繁殖力的措施 [J]. 今日畜牧兽医, 34(10): 50-51.

许利民, 2012. 肉羊快速育肥饲养管理技术要点 [J]. 中国畜禽种业, 14(6): 77-78.

杨志, 2012. 种母羊的饲养管理技术 [J]. 畜禽业 (10): 25-26.

尤海亮, 麻改梅, 白志刚, 2012. 浅谈育肥羊的饲养技术与管理 [J]. 中国畜禽种业, 8(5): 78-79.

游淑梅, 2019. 育肥肉羊饲养管理 [J]. 中国动物保健, 21(8): 54-55.

张春香, 任有蛇, 岳文斌, 2010. 营养对母羊繁殖性能影响的研究进展 [J]. 中国草食动物, 30(6): 62-64.

张海军, 2021. 羔羊阶段的饲养方法和管理措施 [J]. 现代畜牧科技 (9): 53, 55.

张慧琴, 2013. 肉羊育肥技术 [J]. 现代农业 (2): 91.

张敏, 高维明, 范慧, 等, 2019. 肉羊育肥及高效生产技术 [J]. 吉林畜牧兽医, 40(10): 120-123.

张松山, 孙红霞, 2010. 提高种公羊繁殖性能的综合措施 [J]. 科学种养 (5): 32-33.

张玉芬, 2019. 羔羊的饲养技术与管理方法 [J]. 现代畜牧科技 (7): 31, 33.

第六章
肉羊福利养殖场舍建设

第一节　羊场的规划与建设

一、羊场选址的基本原则

（一）根据羊的生物学特点

羊天性喜欢温暖干燥的环境，因此在选址时要选择地势较高、背风向阳、采光良好、通风干燥、排水良好的地方，并且要求附近的水源充足，水质良好，符合养殖用水的标准。不可在低洼易涝的地方建设羊场。场址的土质应选择透水性强、吸湿性和导热性小、质地均匀并且抗压性强的沙质土壤（马付，2018）。

（二）根据防治疾病的要求

场址不应选在有传染病和寄生虫流行的疫区。羊场周围的居民和其他牲畜尽量要少一些，要考虑到一旦发生疫情便于控制和封锁。如条件许可，要挖 2 m 以上宽的水沟，水沟内水深要在 1 m 以上形成防疫隔离带。山区建场可以用竹或木条围栏形成隔离带，以便达到防疫的目的。在选择防疫时还要考虑其他"三防工作"：防火、防盗、防害（防止狼、野猪、黄鼠狼、老鼠、蚊子等有害生物的侵害与骚扰）（杨界明，2014）。

（三）根据饲料原料的供应要求

羊场周围的饲草、饲料资源充足。设计羊饲料配方时，各种饲料原料应按干物质（或风干物质）所含营养来计算，并根据羊不同阶段的生产水平、体重，根据羊只营养需求标准，确定羊对营养成分的需要量（邓明智，

2021）。

（四）根据畜禽对水质（源）的要求

水是生命之源，是养羊场日常生活与生产必不可少的物质。水源选择要坚持合乎卫生要求、水质良好、取用方便、无污染的原则，确保人畜安全和健康。

（1）选择自来水作为养羊场水源相对干净、卫生，但成本较高。

（2）选择地表水源（如水库、河流、水塘、小溪等）作为养羊场的水源比较经济，可以降低养殖成本。

（3）选择在 2 m 以下的地下水源作为养羊场生活与生产用水，首先要察看上游或附近有无排放有毒有害物质的工厂，其次要考虑地下水源是否充足，打井抽水能否满足养羊场的需要。羊场建设同时要考虑电源问题。山区偏远地方建场时要准备自备电源，便于饲草、饲料加工和人员生活使用（杨界明，2014）。

（五）根据商品流通要求

交通便利、通信方便、电力供应好。要选择交通便利的地点进行建场，否则生产过程中会增加很多的运输成本，另外交通不便利的地点大多都不能正常供电或供网，在现代化技术迅速发展的今天也有许多饲养管理手段需要网络的支持，这些因素都应当在选址的时候进行周密的计划（张新银，2014）。但场址不能在公路旁，要距离铁路、公路、居民区等公共场所 1 km以上（路佩瑶，2014）。

二、羊场选址的基本条件

（一）地理条件

主要考察羊场所处位置的地势和地形。地势主要涉及场区位置的高低、走势等问题，一般选择坐北朝南或南偏东 10° ～ 15° 的斜坡地（1° ～ 3°）比较理想，便于排水，防止积水和泥泞，要求地势高燥、地下水位 2 m 以下，场区内的相对湿度比较低，可以限制病原微生物、寄生虫等有害生物的繁殖和生存。低洼潮湿的场地，一方面不利于机体自身的体热调节，易滋生病原微生物和寄生虫；另一方面也会严重影响建筑物的利用年限和生产。开阔整齐的地形有利于羊场的布局、采光、通风和绿化等，场地不宜狭长或边角太多。羊场的场地面积应结合生产规模、生产特点合理确定，一般羊场占地面积按存栏基础母羊的数量来计算：基础母羊 15 ～ 20 m²/ 只。

（二）水源条件

场址选择时应调查分析当地的水源、水量和水质情况，羊场使用的水源不管来自地下水或地面水，必须满足 3 个条件：一是水源干净卫生、水质良好。要求符合畜禽饮用水的水质卫生标准，新建水井需调查当地是否有因水质问题而出现过某些地方性疾病；二是水量充足，能满足羊场用水需求。一般羊只的需水量舍饲大于放牧，夏季大于冬季。羔羊的需水量为 3 ～ 5 L/（只·d），成年羊为 10 ～ 15 L/（只·d），职工用水按 20 ～ 40 L/（人·d）。水量除保证现有规模羊群的饮水和职工需要外，还需考虑羊场的发展和扩大、绿化等用水；三是取用方便，便于防护。水源要求取用方便，易于消毒净化，同时要保证水质长期处于良好的状态，不受周边环境和条件的污染，也要避免羊场产生的污染物对水源的侵害。

（三）土壤条件

主要是考察羊场所处位置的土壤特性和土质。许多养殖企业在选场过程中，一般都不考虑土质对养羊生产的影响，因其性质和特点在一定的地方往往比较稳定，且容易在施工中对其缺陷进行弥补和处理。若缺乏长远考虑而忽视土壤潜在的危险因素，则导致土壤的透气性和透水性不良、吸湿性大，使土壤的相对湿度增加，有利于病原微生物和细菌的大量繁殖，从而影响羊的健康生长，并对建筑物的使用寿命产生一定的影响，另外对场区的排水系统要求更高。因此，在选址时对土壤情况作详细的调查和分析是很有必要的，如果其他条件差异不大，选择沙壤土比选择黏土有较大的好处，透气性好，自净能力强，场区地面易保持干燥，对羊的健康、卫生防疫和绿化种植都有好处。

（四）防疫制度

羊场位置应充分调查当地和周边的疫情，不能在有传染病的疫区建场，四周须有一定的区域设置防疫隔离带。羊场应位于公共场所或居民点的下风向处，距离公共场所或居民点 1000 m 以上，应避开公共场所或居民点污水排出口，更不应在工厂、屠宰场、制革厂等容易造成环境污染的下风向处或附近建场，与工厂、企业、养殖场的距离不小于 3000 m，做到羊场与周围环境互不影响、互不污染。若存在一定困难时，可在羊场周围设计绿化隔离带或防疫沟，一旦发生疫情便于隔离封锁。

（五）交通电力条件

羊场大多数设在农区、半农半牧区。场址选择应考虑交通便利、通信畅通、电力供应可靠等。特别是规模化的种羊场和肉羊场，其物资需求和产品销售量很大，对外联系密切，故应保证交通方便。但为了防疫卫生，羊场距离交通主干道应在 1000 m 以上，距离乡村公路在 500 m 以上。另外，选择场址时，还需重视供电条件，特别是集约化程度高的羊场，必须配备可靠的供电设备，最好是采用工业用电和民用电双路供电，同时配置小型发电机组，以保证羊场生产的正常进行，有利于羊产品的加工、运输和饲草料的加工调制。

（六）社会条件

新建羊场选址要符合当地土地规划建设发展的要求，综合考虑本地区种羊场、肉羊场、养羊区等各种饲养方式的合理组织与布局，并与饲料供应、市场需求、产品营销、技术服务、屠宰加工等相互协调。

（七）防疫制度

建立疫病控制体系，定期检测，科学免疫。使用疫（菌）苗对羊群有计划地进行科学免疫接种是提高羊群抵抗力、预防疫病发生的关键。主要应做好羊口蹄疫、羊痘、羊肠毒血症、传染性胸膜肺炎等病的免疫接种工作。有些疫苗在首次免疫 2 ～ 3 周之后需要第二次免疫接种（加强免疫）。一般两次免疫之后山羊将获得坚强免疫力。如在预防肠毒血症、口蹄疫、气肿疽时需要加强免疫。产羔前 6 ～ 8 周和 2 ～ 4 周给母羊进行 2 次破伤风类毒素、羊梭菌三联四防灭活苗及大肠杆菌灭活苗注射。这样羔羊便可从母羊初乳中获得充分的被动免疫，而不容易患破伤风、肠毒血症、大肠杆菌和羔羊痢疾。在易患羔羊痢疾的羊场还应给初生羔羊皮下注射 0.1% 亚硒酸钠、维生素 E 1 mL，特别要注意的是让羔羊吃到足够的初乳。免疫接种过的母羊所生的羔羊，从母羊初乳中获得了保护性抗体，这种抗体可维持 10 周时间，因此 10 周龄以前不宜接种相应的疫苗，否则抗原抗体发生中和反应将使羔羊得不到免疫（肖明荣，2013）。

三、羊场的布局

羊场规划布局时，应依据有利于生产、防疫、运输与管理的原则，根据当地全年主风向和场区地势的走向，合理安排生活区、办公区、草料区和隔离区的功能划分（图 6-1），各功能区之间应设计 30 ~ 50 m 的缓冲区，并设防疫隔离带或隔离墙，同时安排好绿化区域，绿化覆盖率不低于 30% 不仅美化环境，净化空气，也可以防暑、防寒，改善羊场的小气候环境，利于羊群健康生产，因此，羊场总体布局时，一定要考虑和安排好绿化。

羊舍结构符合羊群生产结构，要求三区分开，净道、污道分开，羊舍布局符合生产工艺流程，即育成舍、母羊舍，羔羊舍、育肥舍分开，有运动场。一般适合规模为 220 只基础母羊，年出栏 1000 只，占地 20 亩左右。

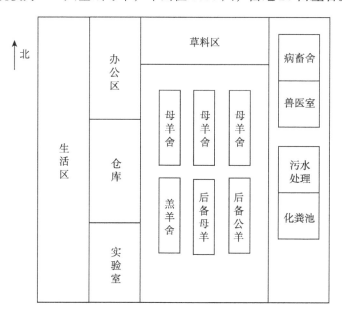

图 6-1　羊场平面示意图（高伟伟，2012）

1. 羊场分区规划

通常将羊场分为 3 个功能区，即管理区、生产区、病羊管理区。分区规划时，首先从家畜保健角度出发，以建立最佳的生产联系和卫生防疫条件，来安排各区位置，一般按主风向和坡度的走向依次排列顺序为：生活区、办公管理区、饲草饲料加工贮藏区、消毒间（过往行人、车消毒，饲养用具消毒，对羊只进行春秋药浴、夏季冲凉降温，防止皮肤病等作用）、羊舍、病羊管理区、隔离室、治疗室、无害化处理设施、沼气池、晒草场、贮草棚等。各区之间应有一定的安全距离，最好间隔 300 m，同时，应防生活区和管理区的污水流入生产区。

生活与行政管理区：主要包括职工住宅建筑、食堂、门卫、办公建筑等，该区与外界联系较多，所以应设在离道路最近最显眼的地方，并且应该在羊场的上风向。

生产区：包括各种羊舍和辅助设施，如饲草饲料加工、调制、贮存的区域，人工授精室等。生产区应分成小区形式，小区与小区之间要有绿化隔离带。一般情况下，种公羊舍、人工授精室和配种母羊舍为一区，怀孕母羊舍与产房为一区，育羔舍、育成羊舍与后备羊舍为一区，肥育羊舍为一区。上述各区依次按上风向到下风向的方向分布。饲料库、饲料加工配送间、干草库、晒场及青贮窖应分布在羊场的上风向。

隔离区：主要包括兽医室与粪污处理设施。由于该区可能成为各种疾病的传染源，所以应分布在羊场的下风向处。隔离区要设有专门通道通往装羊台。上述各区之间要排列紧凑，但是中间一定要有隔离带。

2. 羊场建筑布局

羊的生产过程包括种羊的饲养管理与繁殖、羔羊培育、育成羊的饲养管理与肥育、饲草饲料的运送与贮存、疫病防治等，这些过程均在不同的建筑物中进行，彼此间发生功能联系。建筑布局必须将彼此间的功能联系统筹安排，尽量做到配置紧凑、占地少，又能达到卫生、防火安全要求，保证最短的运输、供电、供水线路，便于组成流水作业线，实现生产过程的专业化有序生产。

3. 羊用运动场与场内道路设置

运动场应选在背风向阳、稍有坡度的场地，以便排水和保持干燥。一般设在羊舍南面，低于羊舍地面 60 cm 以下，向南缓缓倾斜，以沙质壤土为好，便于排水和保持干燥，四周设置 1.2～1.5 m 高的围栏或围墙，围栏外侧应设排水沟，运动场两侧（南、西）应设遮阳棚或种植树木，以减少夏季烈日暴晒，面积为每只成年羊 4 m²；羊场内道路根据实际定宽窄，既方便运输，又符合防疫条件，要求运送草料、畜产品的路不与运送羊粪的路通用或交叉，兽医室有单独道路，不与其他道路通用或交叉。

场内道路有条件的肉羊场应将场内主干道进行硬化，并沿主干道设置路灯（简易型的即可），主干道宽度为 5～6 m。支道宽度为 2.5～3 m，路面坚实，两边设有排水沟。

场界要划分明确，四周应建较高的围墙或设置防护林带，场的大门及各羊舍入口处应设立消毒池或喷雾消毒舍、更衣室、紫外灭菌灯等。

羊场一般采取集中供水，将由水源取来的水，集中在水塔中消毒处理，然后通过水管网送入场内需水各处。要注意的是防止水源污染。达不到集中给水条件的场也可分散给水，但要保证水质。在干旱缺水区，要注意节约用水。

场内排水系统多设置在各种道路的两旁以及运动场的周边，要因地制宜采用大口径暗管或盖板式阴沟，距离超过100 m时，每隔50 m设置一个沉淀井。

贮粪场（池）设在隔离区内，要有专门的运往农田或出售粪便的出口。

羊场的绿化。场外、场内各区之间、各小区之间要进行绿化，可选择适合当地生长的乔木、灌木及草类。场内空地可种植适合当地生长且能喂羊的牧草。

4. 各类羊舍

（1）塑料暖棚地址的选择。

建设塑料暖棚的地址要求地势高燥，如果是山区或丘陵区则要求选择在向阳背风的地方建舍，坡度不能太大；另外要有可靠的水源保证，被污染的水不能用；电力、交通相对方便。暖棚周围还要地势开阔、阳光充足，在东、南、西3个方向没有遮阴物，在早晨和傍晚均能受到阳光照射，同时要避开风口。

（2）塑料暖棚的类型。

主要有棚式和半棚式。其中棚式塑料暖棚棚顶全部被塑料薄膜所覆盖，冬季夜间保温性能较差，实践中应用较广的是半棚式暖棚。半棚式塑料暖棚棚顶一面为塑料薄膜覆盖，而另一面为土木或砖木结构的屋面。这类暖棚多坐北朝南，在不覆盖塑料薄膜时呈半敞棚状态，半敞棚占整个棚的1/2到2/3。从中梁向前墙覆盖塑料薄膜形成南屋面。

半棚式暖棚膜容易固定，抗风、抗雪，保温性能较好。这类暖棚覆盖塑料的一面可以是斜面式的，也可以是拱圆式的。斜面式暖棚通常叫单坡型暖棚，拱圆式暖棚通常叫半拱形暖棚。

封闭型单列式：房顶可用楼板建成平顶或者用椽瓦建成单坡（或双坡）。羊舍东西长一般在30～50 m，南北宽6～7 m，平房高度3.5～4 m，单坡房南面顶高4 m、北面墙高2.5～3 m，较为合适；两头留门，门口宽1.2～1.5 m，高2～2.5 m；南墙1.5 m高处安窗，窗高1.5～1.7 m，宽2.5～2.7 m，并留一个1.2 m高，0.8 m宽的小门，羊从此门进入运动场；依南墙建一个宽8～10 m的运动场，距前排羊舍2 m，留门，运动场内可设水槽和料槽；北墙相应留窗；羊舍内，北面留1.2 m的人行道，南面建羊床，东西长一间房3.3 m，南北宽4.5～5 m，饲养10只羊，每只羊占羊床面积1.5 m² 以上，羊床高出地面50 cm，挖深1 m，用砖砌成底部"锅"型，上部长方形，以便放羊床，羊床采用厚竹板或者木结构都可以，要求有一定的结实度、耐腐蚀；羊栏钢管结构或者木结构，决不能用砖垒，影响通风，靠路栏内设有水槽、料槽、小门。

封闭型双列式：平房和棕瓦结构的双坡顶，双列式饲养。羊舍东西长30～50 m，南北宽10 m，高3.5～4 m，两头中间留1.2～1.5 m的门，中间留1.2 m的人行道，羊床双列，建设同单列式，只是两排羊舍之间的距离有所改变，达到17～18 m，各依本羊舍南北墙设有6～8 m宽的运动场，两运动场之间留有1.2～2 m的人行道，运动场要用钢管或者小水泥板（柱），通风性高，观察羊方便。

敞开式羊舍：除南面无墙外，其他3面都有墙，运动场直接与羊舍相连，只有单列式饲养，房顶采用单坡或双坡，南面高3.5～4 m，北面高2.5～3 m。

半敞开式单列：羊舍顶部多采用单坡，也有平顶和双坡的，羊舍高度3.5～4 m，宽6～8 m，南面墙高1.2～1.5 m，每3.3 m留一个门，直接与运动场相连，其他三面完好，北面留窗。羊舍两头留门，靠羊舍北面留1.2 m人行道，南面建羊床，每间房用羊栏隔开，也可不建羊床；有的羊舍两头不留门，直接从运动场进入羊舍，靠北面建羊栏或者建羊床；有的1～2间用砖墙隔开，羊栏、羊床都不要，羊舍之间距离10～12 m。

半敞开双列式：双坡、平顶都有，羊舍高3.5～4 m，羊舍宽10 m，东西两头留1.2～1.5 m的门，中间是人行道，南北两墙都是1.2～1.5 m高，每3.3～10 m留一个1.2 m的门，直接与运动场相连，运动场6～8 m，于前排运动场中间留1.2～1.5 m的人行道，羊舍内用羊栏隔开，每个栏面积为东西长3.3 m、南北宽4.5～5 m。也有使用羊床的。

配种羊舍：也叫成年羊舍，种公羊、后备羊、怀孕前期羊（3月）在此舍分群饲养，一般采用双列式饲养，种公羊单圈，青年羊、成年母羊一列，同一运动场；怀孕前期一列、一个运动场。敞开、半敞开、封闭式都可，尽量采用封闭式。

分娩羊舍：怀孕后期进入分娩舍单栏饲养、每栏2 m²左右，分娩栏4 m²，每百只成年羊舍备15个，羊床厚垫褥草，并设有羔羊补饲栏。一般采用双列式饲养，怀孕后期母羊一列、同一运动场，分娩羊一列、一个运动场，敞开、半敞开、封闭式都可，尽量采用封闭式。

羔羊舍：羔羊断奶后进入羔羊舍，合格的母羔羊6月龄进入后备羊舍，公羔至育肥后出栏，应根据年龄段、强弱大小进行分群饲养管理。关键在于保暖，采取封闭式，双列、单列都可。

羊舍分类不是绝对的，也可分羔羊舍、育肥羊舍、配种舍（种公羊、后备羊、空怀母羊）、怀孕前期羊舍、怀孕后期羊舍，设计时可单列或双列饲养，羊舍尽量不要那么复杂，管理方便即可。

四、羊舍的建筑参数

（一）羊舍的跨度与长度

羊舍的跨度一般不宜过宽，单坡式羊舍为 6.0 ～ 6.5 m，双坡式羊舍为 6.5 ～ 8.0 m，双列式羊舍为 10.0 ～ 12.0 m，羊舍的长度没有严格的限制，但是考虑到舍内环境条件、设备的安装和生产管理，一般以 50 ～ 80 m 为宜。

（二）羊舍的高度

羊舍的高度根据当地的气候条件和羊舍的宽度有所不同。跨度不大、气候不太炎热的地区，羊舍的高度（从地面至天棚最高点）一般为 2.5 ～ 3.0 m。跨度大，气候炎热的地区，高度一般为 3.0 ～ 3.5 m。对于寒冷地区，可适当降低至 2.0 ～ 2.2 m。另外，羊舍饲养密度较大时，可适当增加舍内高度，以保证舍内小气候环境质量，但过高不利于羊舍冬季的保温。

（三）羊舍的门、窗户

（1）舍门高度 1.8 ～ 2 m，门宽度育肥羊 1.2 m，繁殖母羊 1.8 ～ 2 m。

（2）窗户面积一般为羊舍地面面积的 1/（10 ～ 15），下缘离地高 1.2 ～ 1.5 m，后窗距羊舍地面高 1.4 ～ 1.5 m 以上，南窗应大于北窗。为防止冬春贼风的侵袭，也可在舍顶设可调节的换气窗。

（四）羊舍面积

（1）羊舍面积（m²）：种公羊 1.5 ～ 2.0，母羊 0.8 ～ 1.0，幼龄母羊 0.5 ～ 0.6。

（2）羊舍的高度不能低于 2.5 m（保证空气新鲜，防寒保温、遮阴防暑）。

（3）羊的运动场一般设在羊舍的南面，低于羊舍地面 60 cm 以下向南缓缓倾斜以利排水。建筑材料要因地制宜，就地取材。

（4）运动场的面积一般为羊舍面积的 2 ～ 2.5 倍。运动场应设相应的围栏或墙，高度为 1.3 ～ 1.5 m。

（五）地面

1. 实地面

又称为畜床，是羊躺卧休息、排泄和生产的地方。地面的保暖与卫生状况很重要。羊舍地面有实地面和漏缝地面 2 种类型，实地面又以建筑材料不同有夯实黏土、三合土、石地、混凝土、砖地、水泥地、木质地面等。饲料间、人工授精室、产羔室可用水泥或砖铺地面，以便消毒（甘肃省畜牧业产业管理局，2017）。

2. 漏缝地面

用木条、竹条或镀锌钢丝网等材料做成，适于潮湿多雨地区及经济价值高的种羊使用。

（六）墙体

墙在畜舍保温上起着重要的作用。我国多采用土墙、砖墙和石墙等。土墙造价低，导热小，保温好，但易湿，不易消毒，小规模简易羊舍可采用。砖墙是最常用的一种，其厚度有半砖墙、一砖墙、一砖半墙等，墙越厚，保暖性能越强。石墙坚固耐久，但导热性大，寒冷地区效果差。国外采用金属铝板、胶合板、玻璃纤维材料建成保温隔热墙，效果很好（甘肃省畜牧业产业管理局，2017）。

第二节　羊舍设施与设备

一、羊场设施

（一）羊场内选择适当地点修建药浴池

药浴池一般深不少于 1 m，长 8 ~ 15 m，池底宽 0.3 ~ 0.6 m，上宽 0.6 ~ 1 m，以 1 只羊能通过而不能转身为宜，出入口处设围栏，入口呈陡坡状，出口做成梯步，回流台向浴池方向倾斜 2° ~ 3°，便于羊体滴下药液流回池内（徐文福，2012）。滴流台用水泥修成，药浴池附近应有水源。药浴池一般为长方形，似一条狭而深的水沟，用水泥筑成。小型羊场或农户可用浴槽、浴缸、浴桶代替，以达到预防体外寄生虫的目的。

（二）饲喂设施包括饲槽及草架等

1. 饲槽

通常有固定式、移动式和悬挂式 3 种。

（1）固定式长条形饲槽。

适用于舍饲为主的羊舍。一般将饲槽固定在舍内或运动场内，用砖头、水泥砌成长条形（图6-2）。可平行排列或紧靠四周墙壁设置。双列对头羊舍内的饲槽应建于中间走道两侧，而双列对尾羊舍的饲槽则设在靠窗户走道一侧。单列式羊舍的饲槽应建在靠北墙的走道一侧，或建在沿北墙和东西墙根处。设计要求上宽下窄，槽底呈半圆形，大致规格为上宽50 cm，深20～25 cm，离地高度40～50 cm。槽长依羊只数量而定，一般可按每只大羊30 cm，每只羔羊20 cm计。

另外，可在饲槽的一边（站羊的一边）砌成可使羊头进入的带孔砖墙，或用木头做成带孔的栅栏。孔的大小依据羊有角与无角可安装活动的栏孔，大小可以调节。防止羊只践踏饲槽，确保饲槽饲料的卫生。

图6-2　固定式长方形饲槽

（2）固定式圆形饲槽。

适合于去角的山羊，食槽中央砌成圆锥形体，饲槽围圆锥体绕一周，在槽外沿砌一带有采食孔、高50～70 cm的砖墙，可使羊分散在槽外四周采食。

（3）移动式长条形饲槽。

主要用于冬春舍饲期妊娠母羊、泌乳母羊、羔羊、育成羊和病弱羊的补饲。常用厚木板钉成或镀锌铁皮制成，制作简单，搬动方便，尺寸可大可小，视补饲羊只的多少而定。为防羊只践踏或踏翻饲槽，可在饲槽两端安装临时性的能随时装拆的固定架。

（4）悬挂式饲槽。

适于断奶前羔羊补饲用，制作时可将长方形饲槽两端的木板改为高出缘槽约30 cm的长方形木板，在上面各开一个圆孔，从两孔中插入一根圆木棍，用绳索拴牢于圆木棍两端后，将饲槽悬挂于羊舍补饲栏上方，离地高度以羔羊采食方便为准。

（5）草架。

山羊爱清洁，喜吃干净饲草，利用草架喂羊，可防止羊践踏饲草，减少浪费。还可减少羊只感染寄生虫病的机会。草架的形式有靠墙固定的单面草架和安放在饲喂场的双面草架，其形状有三角形、U形、长方形等。草架隔栅间距为 9 ～ 10 cm，有时为了让羊头伸入栅内采食，可放宽至 15 ～ 20 cm。草架的长度，按成年羊每只 30 ～ 50 cm、羔羊 20 ～ 30 cm 计算。制作材料为木材、钢筋。舍饲时可在运动场内用砖石、水泥砌槽，钢筋作栅栏，兼作饲草、饲料两用槽。

羔羊哺乳饲槽是做成一个圆形铁架，用钢筋焊接成圆孔架，每个饲槽一般有 10 个圆形孔，每孔放置搪瓷碗 1 个，适宜哺乳期羔羊的哺乳。

2. 饮水槽及饮水器饮水槽

一般固定在羊舍或运动场上，可用镀锌铁皮制成，也可用砖、水泥制成。在其一侧下部设置排水口，以便清洗水槽，保证饮食卫生。水槽高度以方便羊只饮水为宜。羊场采用自动化饮水器，能适应集约化生产的需要，有浮子式和真空泵式 2 种，其原理是通过浮子的升降或真空调节器来控制饮水器中的水位，达到自动饮水的效果。浮子式自动饮水器，具有一个饮水槽，在饮水槽的侧壁后上部安装有一个前端带浮子的球阀调整器。使用中通过球阀调整器的控制，可保持饮水器内的盛水始终处在一定的水位，羊通过饮水器饮水，球阀则不断进行补充，使饮水器中的水质始终保持新鲜清洁。其优点是羊只饮水方便，减少水资源的浪费，可保持圈舍干燥卫生，减少各种疾病的发生。羊用碗式饮水器每 3 m 安装 1 个。

（三）栅栏种类

栅栏种类有母仔栏、羔羊补饲栏、分群栏、活动围栏等。可用木条、木板、钢筋、铁丝网等材料制成，一般高 1.0 m，长 1.2 m、1.5 m、2.0 m、3.0 m不等。栏的两侧或四角装有挂钩和插销，折叠式围栏，中间以铰链相连。

1. 母仔栏

母仔栏为便于母羊产羔和羔羊吃奶，应在羊舍一角用栅栏将母仔围在一起，可用几块各长 1.2 m 或 1.5 m、高 1 m 的栅栏或栅板做成折叠式围栏，一个羊舍内可隔出若干小栏，每栏供一只母羊及其羔羊使用。

2. 羔羊补饲栏

羔羊补饲栏用于羔羊的补饲。将栅栏、栅板或网栏在羊舍、补饲场内靠墙围成小栏，栏上设有小门，羔羊能自由进出，而母羊不能进入。

3. 分群栏

由许多栅栏连接而成，用于规模肉羊场进行羊只鉴定、分群、称重、防疫、驱虫等事项，可大大提高工作效率。在分群时，用栅栏在羊群入口处围成一个喇叭口，中部为一条比羊体稍宽的狭长通道，通道的一侧或两侧可设置 3～4 个带活动门的羊圈，这样就可以顺利分群，进行有关操作。

4. 活动围栏

活动围栏若干活动围栏可围成圆形、方形或长方形活动羊圈，适用于放牧羊群的管理。

5. 磅秤及羊笼

肉羊场为了解饲养管理情况，掌握羊只生长发育动态。需要经常地定期称测羊只体重。因此，羊场应设置小型地磅秤或普通杆秤（大型羊场应设置大地磅秤）。磅秤上安置长 1.4 m，宽 0.6 m，高 1.2 m 的长方形竹、木或钢筋制羊笼，羊笼两端安置进、出活动门，这样，再利用多用途栅栏围成连接到羊舍的分群栏，把安置羊笼的地秤置于分群栏的通道入口处，可减少抓羊时的劳动强度，方便称量羊只体重。

二、羊场机械设备

（一）饲草收获机械

1. 通用型青饲收获机

肉山羊舍饲圈养必须准备足够的饲草料，青贮饲料是必不可少的。制作青贮可使用联合收割机，在作业时用拖拉机牵引，后方挂接拖车，能一次性完成作物的收割、切碎及抛送作业，拖车装满后用拖拉机运往贮存地点进行青贮。如采用单一的收割机，收割后运至青贮窖再进行铡切和入窖。如收割的牧草用于晒制干草，则使用与四轮拖拉机配套的割草机、搂草机、压捆机等。

2. 玉米收获机

玉米收获机能一次完成玉米摘穗、剥皮、果穗收集、茎叶切碎及装车作业，拖车装满后运往青贮地点贮存。

3. 割草机

割草机是收割牧草的专用设备，分为往复式割草机和旋转式割草机两种。割下的牧草应连续而均匀地铺放，尽量减少机器对其的碾压、翻动和打击。

4. 搂草机

搂草机按搂成的草条方向分成横向和侧向两种类型。横向搂草机操作简便，但搂成的草条不整齐，损失较大；侧向搂草机结构较复杂，搂成的草整齐，损失小，并能与捡拾作业相配套。

5. 压捆机

压捆机分为固定式和捡拾捆机两种类型。按压成的草捆密度也可分为高密度（200 ～ 300 kg/m³）、中密度（100 ～ 200 kg/m³）、低密度（100 kg/m³ 以下）压捆机。其作用是将散乱的牧草和秸秆压成捆，方便贮存和运输。

（二）饲草料加工机械

1. 铡草机（切草机）

其作用是将牧草、秸秆等切短，便于青贮和利用。大、中型机一般采用圆盘式，小型多为滚筒式。小型铡草机适宜小规模养殖户使用，主要用来铡切干秸秆，也可铡切青贮料；中型铡草机可铡干秸秆与青贮料两用，故又称为秸秆青贮饲料切碎机。

2. 粉碎机

粉碎机主要有锤片式、劲锤式、爪片式和对辊式 4 种类型。粉碎饲料的含水量不宜超过 15%。

3. 揉碎机

揉碎机揉碎是介于铡切与粉碎之间的一种新型加工方式。秸秆尤其是玉米秸秆，经揉搓后被加工成丝状，完全破坏了其结节的结构，并被切成 8 ～ 10 cm 的碎段，使适口性改进。

4. 压块机

秸秆和干草经粉碎后送至缓冲仓，由螺旋输送机排至定量输送机，再由定量输送机、化学添加剂装置、精饲料添加装置完成配料作业，通过各自的输送装置送到连续混合机。同时加入适量的水和蒸汽，混匀后进入压块机成形。压制后的草块堆集密度可达 300 ～ 400 kg/m³，可使山羊采食速度提高 30% 以上。

5. 制粒设备

秸秆经粉碎后，通过制粒设备，加入精饲料和添加剂，可制成全价颗粒料。这种颗粒料营养全价，适口性好，采食时间短，浪费少，但加工费贵。全套制粒设备包括粉碎机、附加物添加装置、搅拌机、蒸汽锅炉、压粒机、冷却装置、碎粒去除和筛粉装置。

6. 糊化机

糊化机多用于淀粉尿素糊化。把经混合后的原料送到挤压糊化机内，加工成糊化颗粒，然后干燥粉碎。成套设备包括粉碎机、混合机、挤压糊化机、干燥设备、输送设备等。

7. 袋装青贮装填机

袋装青贮装填机将切碎机与装填机组合在一起，操作灵活方便，适用于牧草、饲料作物、作物秸秆等青饲料的青贮和半干青贮，青贮袋为无毒塑料制成，重复使用率为70%。

（三）消防设备

对于具有一定规模的羊场，应加强防火意识。必须备足消防器材和完善消防设施，如灭火器、消防水龙头或水池、大水缸等。

三、羊场附属建筑与设施

1. 兽医室规模较大的肉羊场应建立兽医室

兽医室应建在行政办公区附近，离羊舍较远的地方。配备常用的消毒、诊断、手术、注射、喷雾器械和药品。室外装有保定架。

2. 人工授精室

人工授精室（图6-3）包括采精室、精液处理室、输精室，其面积分别为8～12 m²、10～12 m²、20～25 m²，室内光线好，空气新鲜，水泥地面。配齐所需的药品和器械。

图6-3　人工授精室

3. 饲料仓库

饲料仓库用于贮存精饲料原料、混合精饲料、预混料和添加剂，要求仓内通风性能好，防鼠防雀，保持清洁干燥。建筑结构一般为钢架结构，形式有开放式、半开放式、封闭式，贮备量按每只羊每天 1 ～ 2 kg 计算，最大贮备量能保证 2 个月以上需要量。饲料仓库檐高 6 ～ 7 m。建设要做到防火、防潮、防风（屠炳江，2021）。

4. 干草棚

干草棚用来贮存干饲草。应建于高燥之地，远离居民区。

5. 青贮设施

青贮设施包括青贮窖、青贮壕、青贮塔，是制作青贮饲料的设施。青贮能有效地保存青饲料的养分，改善饲料的适口性，解决冬春草料的不足，取用饲喂方便。应建于地势干燥、地下水位低、排水良好的地方。规模大的羊场可建青贮塔、地上青贮壕等，规模小的场可建青贮窖或用塑料袋青贮。地上青贮壕的一般规格为：人工操作时深 3 ～ 4 m，宽 2.5 ～ 3.5 m，长 4 ～ 5 m；机械操作时其长度可延长至 10 ～ 15 m。

四、粪污处理

（一）机械清除

清粪机械包括人力小推车、地上轨道车、单轨吊罐、牵引刮板、电动或机动铲车等，采用机械清粪时，为使粪与尿液及生产污水分离，通常在畜舍中设置污水排出系统，液形物经排水系统流入粪水池贮存，而固形物则借助人或机械直接用运载工具运至堆放场。这种排水系统一般由排尿沟、降口、地下排出管及粪水池组成。为便于尿水顺利流走，畜舍的地面应稍向排尿沟倾斜。

1. 排尿沟

用于接受畜舍地面流来的粪尿及污水，一般设在畜栏的后端紧靠除粪道，排尿沟必须不透水且能保证尿水顺利排走。排尿沟的形式一般为方形或半圆形，双列式羊舍的集粪层地面两边建排尿沟，单列式羊舍集粪层靠垂直墙一边建排尿沟，以便于集粪层内的尿液和污水及时流走，排尿沟用管道接入封闭的蓄粪池内。

2. 降口通称水漏

水漏是排尿沟与地下排出管的衔接部分。为了防止粪草落入堵塞，上面应有铁箅子，铁箅应与尿沟同高。在降口下部地下排出管口以下应形成一个深入地下的伸延部，这个伸延部称为沉淀井，用以使粪水中的固形物沉淀，防止管道堵塞。在降口中可设水封用以阻止粪水池中的臭气经由地下排出管进入舍内。地下排出管与排尿管呈垂直方向，用于将由降口流下来的尿及污水导入畜舍外的粪水池中，在寒冷地区对地下排出管的舍外部分需采取防冻措施，以免管中污液结冰，如果地下排出管自畜舍外墙至粪水池的距离大于5 m时，应在墙外修一检查井，以便在管道堵塞时进行疏通。但在寒冷地区要注意检查井的保温性能。

3. 粪水池

粪水池应设在舍外地势较低的地方，且应在运动场相反的一侧距畜舍外墙不小于5 m。粪水池的容积及数量根据舍内家畜种类、头数、舍饲期长短与粪水贮放时间来确定。粪水池如长期不掏，则要求较大的容积，很不经济，故一般按贮积20 m² 来修建，粪水池一定要离开饮水井100 m以外。

（二）水冲清除

1. 漏缝地面

漏缝地面即在地面上留出很多缝隙：粪尿落到地面上，液体物从缝隙流入地面下的粪沟，固形的粪便被家畜踩入沟内，少量残粪用人工略加冲洗清理。漏缝地面与传统式清粪方式相比可节省人工，提高劳动效率漏缝地面可用各种材料制成。

2. 粪沟

粪沟位于漏缝地面下方，其宽度不等，视漏缝地面的宽度而定，从0.8 ～ 2 m，其深度为0.7 ～ 0.8 m，倾向粪水池的坡度为0 ～ 0.5%。此外，可采用水泥盖板侧缝形式即在地下粪沟上盖以混凝土预制平板，平板稍高于粪沟边缘的地面，因而与粪沟边缘形成侧缝，家畜排的粪便用水冲入粪沟，这种形式造价较低，不易伤害家畜蹄部。

3. 粪水池（或罐）

粪水池（或罐）分为地下式、半地下式及地上式3种形式，不管哪种形式都必须防止渗漏，以免污染地下水源。此外实行水冲清粪不仅必须用污水泵，同时还需用专用槽车运载，而一旦有传染病或寄生虫病发生，如此大量的粪水无害化处理将成为一个难题。许多国家环境保护法规规定，畜牧场粪水不经无害化处理不允许任意排放或施用，而粪水处理费用庞大（黄华，2014）。

第三节　羊舍环境控制

在畜牧业生产中，环境因素对动物的影响通常占 20% ～ 35%，仅次于饲料效应，可见创造适宜于动物生产的环境十分重要。肉羊生产的环境包括外部环境和局部小环境，主要指温度、湿度、光照、有害气体等，小环境对肉羊生产性能的发挥有重要影响。

一、羊舍温度环境控制

肉羊适宜温度为 10 ～ 25℃，在适宜的温度和湿度环境中，肉羊的生长发育强度繁殖力和产肉性能才能得到充分发挥。温、湿度过高或过低均会影响饲养，育肥成本提高，甚至损害肉羊的健康和生命。在正常温度下，湿度对肉羊调节体热影响不大，但在高温、低温时能加剧高温、低温对羊体的危害。冬季温度过低（绵羊在 –5 ～ 15℃），采食的饲料大部分用于维持体温而消耗，没有生长发育的余力，出现"一年养羊半年长"的现象，严重者造成冻伤；如温度过高（绵羊在 25 ～ 30℃），则采食量减少，甚至停止，造成掉膘或中暑；如羊在高温、高湿（绵羊相对湿度在 75% ～ 80% 以上）的环境中，则散热困难，往往体温升高、皮肤充血、呼吸困难，机能失调；在低温高湿的条件下，则易患感冒、神经痛、关节炎和肌肉炎等各种疾病。潮湿的环境亦有利于微生物的生长繁殖，易患疥癣、湿疹、皮肤病和腐蹄病。因此，对羊来说应尽可能地避免高湿环境，干燥的环境对健康、生长有利（李维英等，2007；杨飞云等，2019）。

为缓解畜禽高温热应激，规模养殖场常用的降温方式有湿垫—风机蒸发降温、滴水/喷雾蒸发降温和地板局部降温等。纵向负压通风鸡舍采用湿垫—风机降温系统，Hui 等（2018）研究了我国北方地区夏季因湿帘降温纵向通风导致舍内气温骤降产生的温降应激，提出了基于湿球温度的舍内温度调控新方法。王阳等（2018）针对西北干旱高昼夜温差地区的湿帘降温和通风系统设计新方法，采用山墙集中排风和纵墙均匀进风的夏季环境调控新技术，防止西北干旱地区夏季温度骤降引起的应激，并实现温度场和气流场的均匀管控。

而当位于寒冷地区时，加温技术也随之产生，部分畜舍采用可人工调节的保温板，或者专门制作了热循环保温箱，以期提高动物的成活率和生产性能。

畜禽舍屋顶、天棚、墙壁和门窗等外围护结构的合理设计和施工对于改善舍内环境，提高舍内温度发挥重要的作用。畜禽舍屋顶面积相对较大，舍内热空气上升，使屋顶成为畜禽舍外围护结构中热量散失最多的部分，合理设计屋顶样式，采用适宜热阻值的屋顶材料，增设天棚都可以有效提高屋顶的保温隔热作用。天棚可以将屋顶与舍内分隔，形成相对静止的空气缓冲层，冬季舍外冷空气通过与缓冲层的热交换得到了预热，可以避免冷空气直接进入舍内。天棚的高度一般为 2.0 ~ 2.5 m，随着高度增加空气流通性增强，但保温效果降低。天棚可采用的材料有炉灰、锯末、玻璃棉、膨胀珍珠岩、矿棉、泡沫等（刘继军，2008）。研究结果表明，通过选用不同热阻和隔热系数的材料对畜禽舍外围护结构进行改造，畜禽舍隔热性能明显提高畜禽舍墙壁散失热量仅次于屋顶。选择导热系数小的材料，确定合理的隔热结构，提高施工质量等可以提高墙壁的保温能力（王晨光，2013）。

目前，国外很多畜禽舍广泛采用一种典型的隔热墙，其外侧为波型铝板，内侧为 10 mm 防水胶合板，在防水胶合板的里面贴一层 0.1 mm 的聚乙烯防水层，铝板与胶合板间填充 100 mm 玻璃棉，这种隔热墙总厚度不足 12 cm，但总热阻可达 3.81 $m^2 \cdot K/W$。在国内普遍采用的保温材料有全塑复合板、夹层保温复合板和复合聚苯板等。畜禽舍门窗的设计既要考虑通风换气和采光的效果，又要兼顾冬季采暖保温的作用。在受寒风侵袭的北侧、西侧墙应少设窗、门，并注意对北墙和西墙加强保温，必要时还要加设门斗或双层窗，以增强冬季保温效果。

除了墙体，还有一些设备保证了冬季的保温，水热式地暖铺设在畜禽舍地面下，由主管道、分水器、分支管道构成（袁宝林，2012）。先铺设 20 mm 加密苯板保温层，在保温层上再铺设一层铝箔纸作为反射膜，然后把水管固定在其上。在水管上铺设 40 mm 厚的蜂窝层，用厚度 25 ~ 30 mm 的细砼压实。这种方法常用于产房的保温箱地面、产房仔猪的活动地面和保育舍的局部地面。热量来源可通过锅炉加热、太阳能收集的热量或地泵热源。但是，采用锅炉加热水源需要消耗煤炭，不仅消耗不可再生能源，而且煤炭燃烧还会产生 CO、SO_2 等有害气体，污染环境。通过太阳能系统或地泵热源加热水源。利用的是可再生能源，避免了不可再生能源的消耗及对环境的污染问题，但前期的投资相对较大。因为水垢问题，水热式地暖使用寿命最多不超过 10 年。暖风机是利用热源将空气加热到要求的温度，然后将热空气通过管道送入畜禽舍进行加热。其优势在于供温的同时也供给舍内新鲜的空气，既保证了适宜的舍温，又控制了舍内相对湿度和有害气体含量。

二、羊舍光环境控制

光照是羊舍小环境的重要因素，羊舍一般以自然采光为主，羊舍的朝向可结合当地常年主导风向，以长轴与纬度平行的正南朝向为宜。尤其在西北地区的纬度，夏季直射阳光不能进入羊舍，而冬季阳光直射入舍内，可提高羊舍内温度（马养民等，2008）。自然采光系数（有效透光面积与羊舍地面面积之比）以育肥舍大于 1:16，繁殖母羊羔羊舍以 1:10 ～ 1:14 为宜。

光在多方面连接着动物与外界环境，其对动物机体的生理过程有一系列重要的影响。为保证畜禽生产性能，光色、光照强度和光周期的调控将促进动物体营养吸收和生长。

畜舍采光根据光源不同分为自然采光和人工采光，一般条件下，畜舍实行自然采光，当光照不足或者需要特殊光照时，会使用人工采光，为避免舍内温度升高，可设置遮阴设施，防止直射阳光进入舍内（马金波，2017）。自然采光时，根据地点的不同，调整窗口的朝向，窗户的面积，入射光的角度等条件，同时根据外界的温度和环境的改变调整窗帘的开启程度，确保合适的光照。人工采光时，确保设备的合适度，使设备的安置达到最佳效果。对于畜舍的光照条件，可采取分区控制的方式进行，通过遮阳设备的开闭实现配合灯光照时间和强度的调节。根据家畜的光照需要，光照强度逐渐调整，明显区分生产状态家禽养殖区的光照条件，制定合理的光照方案和时间分配，保证家畜具有充足的休息时间，既有利于节省耗电量，还能保证家畜质量，使产量明显增加（王伟全等，2019）。

畜舍进行修建时，应注意以下几个方面：畜舍南北窗的比例一般在 2:1 ～ 4:1，以保证太阳光均匀地进入畜舍之中；畜舍窗户上缘外侧与地面中央之间的连线与水平面之间的夹角，即入射角一般较大，不应低于 25°；畜舍地面中央向窗户上缘外侧和下缘内侧所形成的夹角，即透光角不得小于 5°。透光角的选择可以根据实际情况有所调整，但不宜过大或者过小；畜舍的窗台高度会对透光角产生一定程度的影响，相关饲养人员在建造窗台高度时，最好使其处于 1.2 ～ 1.5 m（张新风，2016）。

三、舍内有害气体控制

舍内有害气体主要来自羊排泄物分解产生的氨气、硫化氢、挥发性脂肪酸等，这些有害气体如长期滞留在舍内，可引起眼炎和呼吸道炎症，使采食量降低，消化率下降，体质变弱，抗病力和生产力下降。根据《畜禽场环境质量标准》（NY/T 388—1999），羊舍氨气浓度应控制在 20 mg/m³ 以内，二氧化碳为 1500 mg/m³，硫化氢为 8 mg/m³。要减少有害气体及恶臭的产生，在生产中要采取合理配制日粮、化学药品杀菌消毒、合理的畜舍设计、控制饲养密度、加强舍内通风换气、及时清粪、加强绿化等措施，最大限度地抑制或减少有害气体产生（王定胜等，2009）。羊舍、场区、缓冲区空气环境质量控制对照 DB11/T 428—2018。

四、羊舍通风

通风的主要作用是排除过多的水汽、热量和有害气体，羊舍的通风换气必须作为畜舍建筑设计的一个重要因素加以考虑。炎热季节，加强通风换气，有助于防暑降温，并排出羊舍内的有害气体，改善羊舍环境卫生状况，有利于肉羊增重和提高饲料转化率，一般来说，风速越大，降温效果越明显。寒冷季节，大部分羊舍封闭很严，易造成舍内湿度过大，有害气体聚集，使肉羊的抗病力减弱，尤其对于羔羊，易患呼吸道、消化道疾病。因此，通风对羊舍十分重要，羊舍设自动或电动翻板、通风管、风帽、风机等方法来加强通风。

空气调节系统又称空气调理，是用人为的方法处理室内空气的温度、湿度、洁净度和气流速度的技术。可使某些场所获得具有一定温度和一定湿度的空气，以满足使用者及生产过程的要求和改善劳动卫生和室内气候条件。

通风的主要作用是排除过多的水汽、热量和有害气体，羊舍通风换气系统的设计和通风量的确定必须作为畜舍建筑设计的一个重要组成部分加以考虑。通风量的确定可以根据舍内外的温度差、湿度差、换气量及羊只数量来计算。在北方地区通常在生产中把夏季通风量作为畜舍最大通风量，冬季通风量作为最小通风量。在最冷的时期通风系统尽可能多地排除产生的水汽并尽可能少地带走热量。在炎热的夏季要在节约的原则下尽可能地排出湿热空气，在家畜周围造成一个舒适的气流环境。

在温暖的季节通过开闭门窗能基本保证舍内所需要的通风换气量。北方地区越冬时往往封闭门窗，这就需要在建筑畜舍时留有自然通风口。畜舍的自然通风装置有多种形式。我国广泛采用流入排出式通风系统，由均匀分设在纵墙上的进气管和屋顶上的排气管组成，进气管一般设在距天棚 40 ~ 50 cm 处，断面（20×20）~（25×25）cm，彼此距离 3 ~ 4 m，北侧墙上可适当少设进气管。排气管沿屋顶两侧交错垂直安装。下端由天棚开始，上端升出屋脊 0.5～0.7 m，断面 50 cm×50 cm，2 个排气口距离 8～12 m 内设，调节板控制风量。

夏季高温期仅靠自然通风难以改善舍内的闷热环境，这时就要辅助机械通风。根据畜舍设计的最大通风量并考虑到阻力消耗求得总通风量。根据总风量和风机的功率即可求得风机台数。风机安装位置的选择要保证舍内气流均匀。根据畜舍建筑形式的不同可选择安装在山墙、纵墙或屋顶。为了适应因温湿度变化所需风量的不同光照可选用变速风机和组合风机等（崔杰，2003）。

总体上，畜舍通风方式从大的方面分为自然通风和机械通风 2 种。自然通风的动力是自然推动力、浮力和风，使空气从进口流入、再从出口排出。它不受地理位置的限制，世界各地的畜舍均可运用自然通风。从工程学观点来看，通风系统的基本作用是使畜舍内保持适宜的温度。由于自然通风系统的通风口的大小是可调的，在炎热季加大通风口可以促进通风换气，而在寒冷季节缩小通风口可以减少通风。当畜舍外温度特别低时，由于超过所能控制的温度极限，应注意空气的湿度和污染程度。在某些地区，由于室外温度很高，畜舍的主要目的在于隔热和防止热应激。在这种情况下可采取开放式畜舍，即舍内舍外空气交换几乎无阻力，或通过卸掉畜舍的外墙、加高建筑物扩大每个动物所占的空间等方法达到这一目的（谢慧胜，1988）。

进气口的类型多种多样，既可设在屋顶天花板上或在墙壁下半部，也可设在侧壁的窗户上。热压是由畜舍内外温差产生的，它使得空气由位置较低的进气口流入舍内，再经处于较高位置的出气口排出。不考虑进气口的大小，同一类型的进气口既可产生浮力通风，也可引起对流通风。不同类型的上部开口，即出气口，有屋脊出气口、屋脊烟囱和中央烟囱 3 种类型。屋脊出气口是屋脊上的狭窄开口，可分为简单屋脊出气口、直立式屋脊出气口和带帽直立式屋脊出气口 3 种。直立式屋脊出气口可减少空气的流入；而带帽屋脊出气口可增加空气的流入，当雪或雨垂直降落时可防止雨雪的落入。通风烟囱比屋脊出气口更实用，一些特别是现有畜舍或带顶楼的畜舍多设通风烟囱为出气口。通风烟囱之间的最大距离通常是 20 m，而烟囱形状最好是矩形的。为了加强烟囱的通风效果和避免水汽凝结，通风烟囱应是绝热的。

目前应用较多的为负压通风系统，其具有结构相对较简单、投资少和管理费用低等优点，不过，这种系统无法调节控制入舍空气的某些状态，对于多风严寒地区不太适用。相反，正压通风系统可对进入空气进行加热、冷却、过滤等预处理，从而可有效保证畜舍内的适宜温湿状况和清洁空气环境的稳定性。故特别适用于严寒或炎热地区使用，但它又有着结构复杂，造价高，管理费用高等缺点。

相比于横向通风系统，近期提出的纵向通风系统具有气流分布均匀，通风、降温和排污性能好等优点。若将该通风方式与湿帘（或称水帘）配套使用还可以非常有效地达到夏季降温的目的。

五、湿度控制

羊舍的相对湿度直接影响羊的散热。一般来说，羊舍内适宜的相对湿度为55%～60%，最高不能超过75%（张亮等，2018），湿度对羊体温的影响相对较小，但是相对湿度差会增加高温或低温对羊的伤害。羊在高温和高湿的环境中更难散热，从而导致体温升高，呼吸困难，各种功能障碍，最终导致羊死亡。在温度比较低而湿度高的条件下，羊容易患上各种疾病。此外，潮湿的环境还会引起大量病原微生物的繁殖，使羊容易感染上疾病。羊喜欢处在一种干燥的空气环境中，尽量不要使羊舍中出现高湿现象，并做好防潮工作。养羊场应建在干燥的环境下。养羊场的地上应有防潮层。做好羊舍的保暖工作，避免水汽凝结，尽量减少室内清洁和冷却时的耗水量，及时清除粪便、尿液和污水，避免大量室内存放，进行室内通风，并及时排出蒸汽。

六、空气中粉尘和微生物的控制

羊舍灰尘主要是通过清洁，加工饲料，进食，刷牙和草皮翻倒产生的。灰尘直接影响绵羊的健康。灰尘会与皮脂腺分泌物、皮肤碎片和绵羊表面的微生物混合，最终黏附在皮肤上，引起瘙痒和发炎。同时，汗腺管被阻塞，从而使皮肤的散热功能降低。失去身体的热量调节。另外，灰尘会引起羊的结膜炎，鼻腔、气管、支气管等的机械刺激。如果灰尘中含有病原微生物，绵羊也将感染该病。因此，应采取有效措施减少羊舍内空气中的灰尘含量。可以在羊场周围种植防护林，以有效吸收灰尘。环境中的微生物数量也相应减少。因此，我们需要进行室内消毒，这是杀死微生物、保持良好通风和预防疾病的最佳方法。

参考文献

崔杰,薛冰,张庆治,2003. 牛舍的环境控制 [J]. 辽宁畜牧兽医（4）：14-15.

邓明智,张玉蝶,2021. 羊饲料的配制技巧 [J]. 兽医导刊 (23)：107-108.

高伟伟，李麦英，2012. 怎样设计和建设规模羊场 [J]. 农业技术与装备 (3)：22-24.

黄华，王显臣，2014. 牛舍粪便清除设施的建设及注意事项 [J]. 养殖技术顾问 (2)：20.

李维英，苏印泉，孙润仓，2007. 等光叶楮叶成分测定与分析 [J]. 西北林学院学报，22(3)：141-143.

刘继军，贾永全，2008. 畜牧场规划设计 [M]. 北京：中国农业出版社.

路佩瑶，任晓雯，闫益波，2014. 轻松学养肉羊 [M]. 北京：中国农业科学技术出版社 (第一版).

马付，2018. 标准化肉羊养殖场的建设 [J]. 现代畜牧科技 (2)：109.

马养民，张志伟，史清华，等，2008. 光叶楮叶有效成分的分析 [J]. 西北林学院学报，23(3)：173-175.

屠炳江，陈金丽，2021. 规模化湖羊场建设规划与羊舍设计 [J]. 浙江畜牧兽医，46(6)：29-30.

王晨光，王美芝，刘继军，等，2013. 南方肉牛舍夏季外围护结构隔热性能研究 [J]. 黑龙江畜牧兽医 (17)：51-55.

王定胜，黄建庭，乔其川，等，2009. 光叶楮树叶青贮饲料生产技术研究初报 [J]. 江苏林业科技，36(1)：34-35.

王伟全，付亚萍，田成禄，2019. 鸡舍自动化养殖环境控制技术及优化分析 [J]. 黑龙江动物繁殖，27(6)：27-29.

王阳，郑炜超，李绚阳，等，2018. 西北地区纵墙湿帘山墙排风系统改善夏季蛋鸡舍内热环境 [J]. 农业工程学报，34(21)：202-207.

肖明荣，2013. 中小型羊场的选址、布局与安全措施 [J]. 湖北畜牧兽医，34(11)：51-52.

谢慧胜，1988. 畜舍内的自然通风及其控制 [J]. 国外畜牧科技 (3)：46-47.

徐文福，梁红玉，姜天玉，等，2012. 标准化养羊场建设 [J]. 中国畜牧兽医文摘，28(2)：68-70.

杨飞云，曾雅琼，冯泽猛，等，2019. 畜禽养殖环境调控与智能养殖装备技术研究进展 [J]. 中国科学院院刊，34(2)：163-173.

杨界明，戴应新，2014. 羊场选址应考虑的几个因素 [J]. 安徽农学通报，20(9)：124，153.

袁宝林，汤志兴，沈荣林，等，2012. 不同保暖方式在猪产房和保育舍上的应用 [J]. 上海畜牧兽医通讯 (5)：79.

张亮，马慧钟，张伟涛，2018. 规模化羊场环境对羊的影响及控制措施 [J]. 北方牧业 (18)：11-12.

张新风，2016. 畜舍的朝向与采光 [J]. 当代畜牧 (23)：32.

张新银，郭静，2020. 羊场的建设要求 [J]. 中国动物保健，22(2)：44，51.

HUI X, LI B, XIN H, et al., 2018. New control strategy against temperature sudden-drop in the initial stage pf pad cooling process in poultry houses [J]. International Journal of Agricultural & Biological Engineering, 11(1): 66-73.